凝煉知識品味閱讀

環保與生活

湯　　清　　二　主編
耿正屏・湯清二
李淑雯・鄭碧雲　合著

五南圖書出版公司 印行

康校長序

西方二次工業革命後，世界環境與人類社會陸續經歷巨大變化。科技提供人類便利舒適的生活，但也對環境生態造成重大衝擊。早在 1960 年代美國作家卡爾遜（R. Carson）女士著《寂靜的春天》一書，提醒世人重視科技產物對生態的浩劫。近幾年來，全球氣象、生態遽變，各地氣溫異常、地震、風災、水災頻繁，世人的確必須重新思考人與自然間的和諧共處。

環保問題根本在教育，後代子孫在地球寰宇中的永續生存，是我們現代人共同的責任，所謂「今天不做，明天後悔」，環保教育正是當今重要而嚴肅的課題。本校以「栽培菁英人才，導引社會價值」自許，師生一向關心生態與環保教育問題，在教育學程中，開授「環保教育」選修科目，近年來深受學生的重視，修習學生眾多。

本校理學院湯清二、耿正屏、李淑雯、鄭碧雲等諸位教授學有專精，因教學需要，而共同編撰《環保與生活》，本人有幸先閱覽本書，深感內容豐富新穎，生動活潑、切合生活應用，深富教育啟發價值，本人樂意為本書序，以嘉惠學子。

康自立　國立彰化師範大學校長

自序

民國 60 年左右，個人服務於本校的前身台灣省中等學校教師研習會期間，接受當時農復會之委託進行研究空氣污染對植物的影響，感受到全省空氣污染情形之嚴重（如高雄縣前鎮區、桃園縣竹圍鄉等地之污染），個人當時即體認環保是一重要課題，乃敦請當時私立東海大學環境科學研究中心孫克勤教授蒞校演講，聽了孫教授講授生態與人生，深深感到「環境問題之根本在教育」，唯有透過教育才能有效解決環境問題。

個人曾在彰化二水鄉台灣省「媽媽教室」輔導人員研習會，擔任「環境與人生」講座多年，比較當時與最近幾年的情況，發現社會民眾對環境的意識與覺醒有顯著的進步，社會上也增加了許多志工或團體來共同關心環境問題。加上近年來國內的政治環境以及教育環境邁向多元化、自由化、活潑化，大家從各種角度來關切生態環境，個人感覺對環境生態保育是正面的。

近年來與同事們擔任「環保教育」課程，欲在市面上找到一本淺顯、易懂、適合於非生物系同學的教科書實在很難，因此，乃萌發本書的動機，於是邀請了本校三位擔任「環保教育」課程教師共同編撰本書。希望本書能以生動、活潑、通俗化的原則讓學生有所收獲，並引發大家思考切身的環境問題。

本書共有十五章，第二章生態學，第五章農業問題，第六章能源問題，由耿正屏老師撰寫；第四章人口問題，第七章空氣污染，第九章固體廢棄物污染，第十四章環保教育教學活動設計，由李淑雯老師撰寫；第八章水資源與生活，由鄭碧雲老師負責；餘第一章緒論，第三章環境與人類 DNA，第十章噪音問題，第十一章環保與生活，第十二章生態之美，第十三章環保意識與覺醒，第十五章環境與社會，以及部分其他章節內容，由湯清二老師撰寫。使用本書時，配合一學期之課程，可依章節順序講授外，亦可依教授的專長，酌量增加或刪減，例如：第十二章國內環保事件，選擇一、二節即可。各位任課教師不妨配合章節內容，增加問題與討論題目，以實際的案例，讓學生從環境問題的探討中，培養獨立與批判思考的能力、解決問題的能力，和關懷鄉土與關愛地球的情操，這是作者們的期望。

本書原本以《環保教育》為書名，經五南圖書出版公司王總編輯與編者協商後改為《環保與生活》，幾位作者也欣然同意，因為「教育即生活」也。

編者在南美洲亞馬遜河流域居住兩年，常自嘲，國人居住該地區長達兩年者，不出十人，後又旅居歐美一段時間，對原始的自然生態環境以及歐美先進國家的環境保護，有極深刻的體驗，但一旦要編成專書，個人才疏學淺，故只能說是拋磚引玉、野人獻曝罷了。本書編撰期間，耿正屏老師、李淑雯老師、鄭碧雲老師等，對編者的構想知無不言，言無不盡，開誠佈公，充分交換意見。此外本書原稿還承蒙本校教育研究所彭國樑、張銀富兩位教授協助文字之潤飾，使本書更具可讀性。洪專富、謝家耘、羅思穎三位同學在打字、插圖方面協助不少，使本書得以早日與讀者見面，特此一併致謝。本書疏漏之處，在所難免，冀望學界先進不吝指正，裨再版時可以增刪補正。

湯清二　序於彰化師範大學生物系

2002 年 4 月 11 日

目 錄

第1章

緒論

第一節　環保教育

一、環保教育的目標

學校是培養學生獲得知識、技能以及生活態度的重要場所，不論是國小、國中及高中各學科都有其課程目標、課程標準及教學目標。整體而言，各級學校還應有一共同的教學目標，就是培養學生具有下列能力：

㈠培養學生的創造性思考（Creative Thinking）能力

社會的進步在於人類具有豐富的創造力，教學時，應讓學生有創造思考的學習空間與環境。

㈡培養學生的批判思考（Critical Thinking）能力

學生接受教育後，應能將所學知識，應用於實際事務的判斷，因此在教學時，應積極培養學生科學批判思考的精神，涵育正確的人生觀。

㈢培養解決問題（Problem Solving）的能力

未來學生踏入社會，將面臨許多新問題有待解決，如何應用所學概念與技巧，對新問題提出解決方法的能力，也是需要平時在學校訓練和學習的。

㈣加強溝通（Communication）的能力

培養學生有溝通的能力。包含問題、語言、文字、圖表、概念、符號、觀念等溝通的能力。

㈤培養團隊合作精神（Team Work）

學校是培養學生分工合作的好機會與場所，未來的社會與科技發展，是依賴集體合作的努力，培養學生分工合作的精神，讓每位學生分享其工作責任與成果，單打獨鬥方式已不符時代的潮流。

㈥人際關係（Human Relationship）

學校也是人際關係最佳學習場所，人不能離開社會群體，如何與他人相處、尊重別人都是重要課題。

二、環保教育的定義

環保教育爲 Environmental Education 一詞翻譯而來，有人稱「環境教育」，美國將它列入科學教育的範疇，它是統整科學的一環。嚴格定義「環保教育」是「環境教育」的一部分，其內容著重在環境保護或環境保育。劉德明（*1996*）稱，環境教育是藉助於教育手段使人們認識環境，了解環境問題，獲得防治環境污染的知識和技能，和避免製造新的環境問題，並培養人與環境的關係的正確態度，以便通過社會成員共同努力保護人類環境。瑞典的環境教育目標爲增進學生對全球環境議題的認識，培養表達個人立場的能力，並鼓勵學生採取行動。個人認爲在上述教學總目標下，環保教育的目標，應包括下列幾項：

㈠智育方面

協助學生獲得環保相關知識與概念，提供環境問題的理念與認知，如生態學原則、能源、資源保育、農業……等概念，以做爲解決環保問題之理論與準則的依據。

㈡技能方面

在日常生活中，培養學生解決環保問題的技能。例如：如何將能源發揮至最大效率。

㈢情意方面

喚起學生環境意識與覺醒，對環境的關心與愛心，能欣賞地球之美，提高生活的價值觀和生活態度……等情意方面的目標。

㈣環境保育的情緒智商管理（EQ）

環保重在力行，除自己身體力行外，鼓勵學生參與家庭、社區的環保活動。環保的情緒智商有助於社區環保之推行，社區環保亦需民眾團體配合，營造社區的新活力。

綜合上述環保教育的目標，主要是希望全民認識環境問題的重要性與迫切性，了解環境問題的內涵，以獲得環保概念、知識與技能，身體力行，共同維護我們的地球生態環境以及永續經營爲目標。

三、環保教育的教學

前述環保教育屬於科學教育中的一環，理論上亦是屬於學習的新派典（Paradiam），依據 Reiguluth 研究（*1996*），將廿一世紀的資訊時代，擺脫早先工業時代的學習，而以學生為主體，講究學習個別化而非標準化，學生是個別的個體，強調學習行為是以學生原有的知識、信念、態度主動建構其意義，並要求學生主動積極的參與學習活動。學習是透過安排的學習情境，產生有意義的重組、整合，以建構自己的認知的活動，將學習的知識變成可應用的，容易記憶的知識。對新知識學習的遷移、問題的解決和批判性的思考都有幫助。同時，學習也著重在同儕合作關係，分享決定、多元性、主動性及網際網路溝通等整體性的學習，當然環保教育也是適合於此項建構主義（Constructivist Epistemology）新派典的教與學之範疇。

四、環保教育的內涵

教育在環保工作發展扮演極重要的角色。例如：對於學校教育、社會教育與家庭教育三方面，環保教育則是一統整性學科，包括許多學科的理論、概念與技能。

㈠環保教育是統整科學

環保教育經常涉及其他各類學科，以科際整合的方式，做課程統整之設計。諸如：物理、化學、生物、地球科學、地理、社會學科、美術、公民教育和家事等類科，均涵蓋在環保教育的統整科學之中。當然環保教育是通識教育，它與政治、經濟、勞工、社會、文化……等問題相糾葛。環保教育是終生教育，環保教育是行動教育，總之，環保教育是重要課程之一。

㈡環保教育的內容

應包括下列各項：生態問題、人口問題、農業問題、資源保育、能源問題、污染問題、環保生活以及環保行動等知識與概念，解決環保問題的技能和價值觀等均屬於環保教育的內涵。（即本書內容章節）

五、環保問題的根本在教育

環保問題的根本在教育，特別是早期的教育過程中，讓兒童在學校、家庭中就能培養認識鄉土、接觸大自然以及養成正確的生活態度與習慣，對未來環保教育推動裨益甚大。記得筆者小時候（民國40年代）在台北內江街附近第二水門玩水、抓螃蟹、看划龍舟，以及小學時在鄉間之溪溝隨時隨地就可以用畚箕捉小蝦、小魚及泥鰍來加菜的回憶，多麼美好，影響個人對環境鄉土的認同甚深。此外，小學時每天唱的衛生歌，對日後每餐前必洗手習慣，影響甚深（衛生歌之歌詞是衛生第一條，洗手記得牢，飯前、大小便後，一定要洗手。衛生第二條……）。前陣子國內腸病毒流行，不也要求孩童洗手嗎？這些早年的回憶影響個人對環境鄉土的認同相當深遠。要改變行爲，一定要從改變價值觀和態度著手。尤其是中小學的教育階段。總之，環保問題之根本在教育，環境教育生活化，將環境意識深入學校教育、家庭教育以及社會教育的內涵中，就是日後民眾環保推動的助力。

第二節　環保問題的一些觀念

環保問題是錯綜複雜的，我們要有知識與智慧，以下是一些環保問題的觀念，提出讓大家思考與討論，並進一步深思。

一、個人利益與大眾利益

部分少數商人利欲薰心，只顧自己的個人利益，而枉顧大眾利益，犧牲大眾環境的權益。例如：過去有商人進口大量的廢五金，在南部二仁溪河床燃燒，就是個人利益高於大眾利益之實例，又如美國威基尼亞一家化學工廠將廢水排入傑姆斯河的事件，1966 年以前，此公司都將廢水處理後才排放，但於 1966 年之後至 1975 年間，廢水就不再處理，直接排入傑姆斯河。此段前後九年時間，替公司節省了二十萬美元的廢水處理費，然而，從 1975 年至 1980 年間，因污染而造成的漁業損失高達兩千萬美元，這就是個人利益與大眾利益孰重的明證，國內外諸如此類之環保污染事件不勝枚舉。

二、仁政與無知

過去政府在環保問題上因循，缺乏整體的發展計畫工業，一味謀求表面利益，犧牲了大好的生存的環境，政府機關是推行、監督環保工作的單位。但是，往往公權力不張、執行不力，造成民眾權益受損。例如：蔬果農藥殘毒之檢驗、輻射鋼筋之檢查以及汽機車廢氣之排放檢查……等，均有賴政府公權力之介入，好的政府能讓民眾過著高品質環境的生活。亦有因少數政府官員缺乏環保常識與無知，造成環境的惡化與不可挽救的生態浩劫，例如：彰化某大學的一位校長，將原本自然美麗的洩水湖，在湖底用鋼筋混泥土鋪上，池水無法滲透到地下，破壞生態循環系統的平衡，造成湖水嚴重的優養化，除產生惡臭之外，也造成所謂「汐止效應」——逢雨必淹。浪費百姓的稅捐公帑，更是一種負面的環保教材，這就是部分官員無知的後果。另外，許多政府的政策，如廢電纜進口……等，均是政治無知的作法。

三、環保行動與環保知識

環保不是口號，而是付諸生活行動的表現，是生活的態度、是生活的習慣、是生活的美德、是生活的藝術、是生活的常識。唯有以身作則、身體力行，採取行動，鼓勵大眾參與環保工作，環保才能眞正落實，環保才有意義。所謂隨手做環保，生活更美好。例如：學校、班級、社區、大樓等實施資源回收、隨手關燈……等環保行動。

四、關心與冷漠

關心環境是提昇環境品質的重要關鍵，若民眾對環境缺乏警覺心或關心，則我們的環境很難改善。例如：亂倒廢溶劑（民國 89 年 7 月中旬在高屏溪水源區發現傾倒有毒廢棄溶劑），造成大高雄全面停水，南部百萬人的飲用水立即產生問題；還有盜採農地砂土回填工業廢棄物……等均是。又報載鯊魚瀕臨絕滅與吃魚翅湯有關，因生物界之食物鏈中的每一環節，都很重要，若鯊魚絕種，食物鏈將被破壞。拒吃魚翅，就是主動關心我們環境的表現，絕不能漠視此則消息。其他如燕窩、保育類生物之保護，均需全體國民的關心與參與。唯有大眾隨時關心，及早發現問題才能解決問題。我們應培養大眾從小對自己的生存環境有起碼的關心與認同，不要對自己周遭環境冷漠，否則最後吃虧受害的還是無辜大眾。

五、絕對與相對

許多環保事件沒有絕對的好或壞，但必須以學理及生態原則爲依據，大多數的事是相對的，特別是環保生態問題，不是二分法，就能解決。例如：垃圾的掩埋或許可以省錢，但若沒有妥當處理也可能造成二次公害。環保問題相當複雜，通常不是只用一個公式或法則就可以解決，往往存在許多變數，我們不能完全依賴一位或少數的科學家的研究或認知，因爲人類不知道的問題還很多，所謂不確定性（Uncertainty），加以時空的變化，研究常常有其限制及盲點。環境問題是動態的，人們研究環境問題常僅僅從一小點看問題，而非以全球的觀點。科學家無法建立絕對的科學定律、假設模式和定律，即使是經檢定或廣泛被接受的原則，也非絕對的。總之，環保問題是複雜的，利弊相間，人類的所知有限，必須要有危機意識，並尊重環境生態原則。

六、經濟發展與環境保護

經濟發展與環境保護存在許多矛盾、爭議與討論之處，經濟發展可造成環境污染，環境污染的結果也可消蝕經濟發展的成果，也可能妨礙經濟進一步的發展，因此，在經濟發展的同時，如能事先考慮環境問題防患於未然，則是上上之策。然而對第三世界或發展中國家來說，卻是個難題。經濟的發展對環境一定會造成某種程度的影響，如何兼顧經濟發展與環保生態，確實是一個兩難的課題，例如：巴西、印尼雨林區之開發，與環保互相抵觸；台南七股開發與保護黑面琵鷺間的衝突等均是。如何在經濟發展中有效兼顧生態保育，是值得嚴肅思考的問題，環保問題需要我們用智慧去解決。

七、全球性與區域性

環保問題既是區域性問題，也是全球性問題，早年先進國家有所謂「污染輸出」，將會產生嚴重污染的工廠遷移到別的國家，這是狹隘的思考，不管如何輸出，仍舊在地球上，到頭來受害的還是自己。有許多環境問題是全球性的，例如：二氧化碳的排放管制就是全球性的問題，因爲人類活動以及過度使用燃料，導致全球的溫度愈來愈熱，必須全球行動一致，才能解決日益嚴重地球溫度上升的問題。總之，「環保無國界」，地球暖化現象，就是全球性的問題。

八、節約與消費

人類的經濟活動，脫離不了消費與需求。有需求，才有消費；有消費，才有製造，才有買賣，所有經濟活動都因應人們的消費行爲。但是，我們知道地球上的資源是有限的，倘若人們無限貪婪的消費，除了消耗地球上的資源外，亦增加了許多污染物，造成地球之生態負荷，就生態學的觀點而言，地球是相當脆弱的，當有一天地球無法承載負荷時，人們將面臨難以克服的匱乏與災難。因此，提倡「節約」是必要的，人們除生活的基本需求外，爲了地球的永續存在，必須力求節約，減少消費，提昇精神層次，過簡樸的生活，對環境是有所助益的。

九、憂患意識與事後補救

環保問題的事先防範，往往比事後的補救來得容易，即所謂預防勝於事後處理。若能事先有所防範，對於環境所造成的傷害以及衝擊也較小。例如：工業廢水，若能先行處理後再排放，則比未經處理就排放，之後，再進行補救措施來得容易，且對環境的傷害較小。又如：保護瀕臨絕種的野生動植物，必先有憂患意識，在其即將絕滅之前，加強保護、復育，比事後補救容易，因此，未雨綢繆是必須的。更甚者，往往許多事情在事後已不能補救，例如：澳州袋狼已不存在，即是實例。總之，環境問題往往是事前防範比事後補救來的重要。

十、人定勝天與順應自然

人定勝天？當人類在天災、地震、風災、水災、土石流發生之後，莫不讓民眾質疑「人定勝天」是人類的迷思。別忘了人類是自然的一部分，順乎自然法則與尊重自然系統循環以及生態系原則，與自然和諧相處，即所謂天人合一，這才是上策。

十一、永續經營與短暫利益（一時與千秋）

永續發展的理念就是讓地球之生存永遠經營下去，而非斷絕或中止，其內容包括生態自然保育、資源的永續利用……等。人類追求一時的繁榮與利益，往往破壞了自然環境，造成生態浩劫；當人們追求財富時，應該運用智慧往長久、久遠著想，爲一時也要爲千秋。

聯合國在 1992 年召開地球高峰會時，提出以「永續發展的教育與公眾覺醒（Education & Public awareness for Sustainability）」爲主題，探討未來世界教育的主題，希望在教育上推動永續發展經營理念與活動，讓我們的環境、社會、經濟等方面，在地球上永永遠遠的發展下去，爲萬代子孫，永續生存，如水資源的永續、土地資源的永續、能源資源的永續、農業資源的永續等，而不是在我們這一代就中斷了。短暫利益，是一般經濟商業行爲，往往只顧私己的短暫利益，而犧牲環境的品質以及大眾的永續環境權益。

第三節　環保教育的學習

一、環保問題的擴散性思考

環保問題解決的策略，除了大家熟悉的歸納法和演繹法之外，還有一種策略，就是多方思考解決問題的各種可能性策略，且每一種策略對問題的解決都正確，這種思考策略模式稱之爲擴散性思考（Divergent-Thinking）。例如：解決都市垃圾問題的方法，有垃圾減量、垃圾分類、垃圾掩埋、垃圾焚化、垃圾處理費隨袋徵收及廚餘回收……等方法，對都市垃圾問題的解決都有助益，亦即解決方法可以「複選」，此稱之爲擴散性思考。我們要考量的是這些方法與策略對問題解決到底有多少幫助？對問題解決有多少效果？即必須考量其重要性、流暢性與原創性等問題。諸如保護稀有動物的策略、減少腸病毒流行的方法、家庭節約能源的有效方法……等，均可利用環保問題之擴散性思考模式來解決。

二、環保概念圖

概念圖（Concept Map）是一種將某一概念以階層性（Hierarchical-Order）方式呈現，並以圖形的方式表現出來；且在概念與概念之間的關係，用連結用語（Linking Word）連接而成，如圖 1-1 水的概念圖、

圖 1-2 有效垃圾處理概念圖、圖 1-3 資源概念圖等等，就是將一些概念，以圖形的方式表現出來，中間以連接詞串聯起來，爲一種輔助思考的工具，根據Johnson（*1966*）與湯清二（*1998*）的研究指出，概念圖是有力的心智工具（Mind Tool）之一，它提供視覺與文字之空間表現與其關係，並指出研究結構性知識的理由是藉此提昇解決問題的能力與學習效果。利用概念圖來學習環保問題，也是學習方式之一。

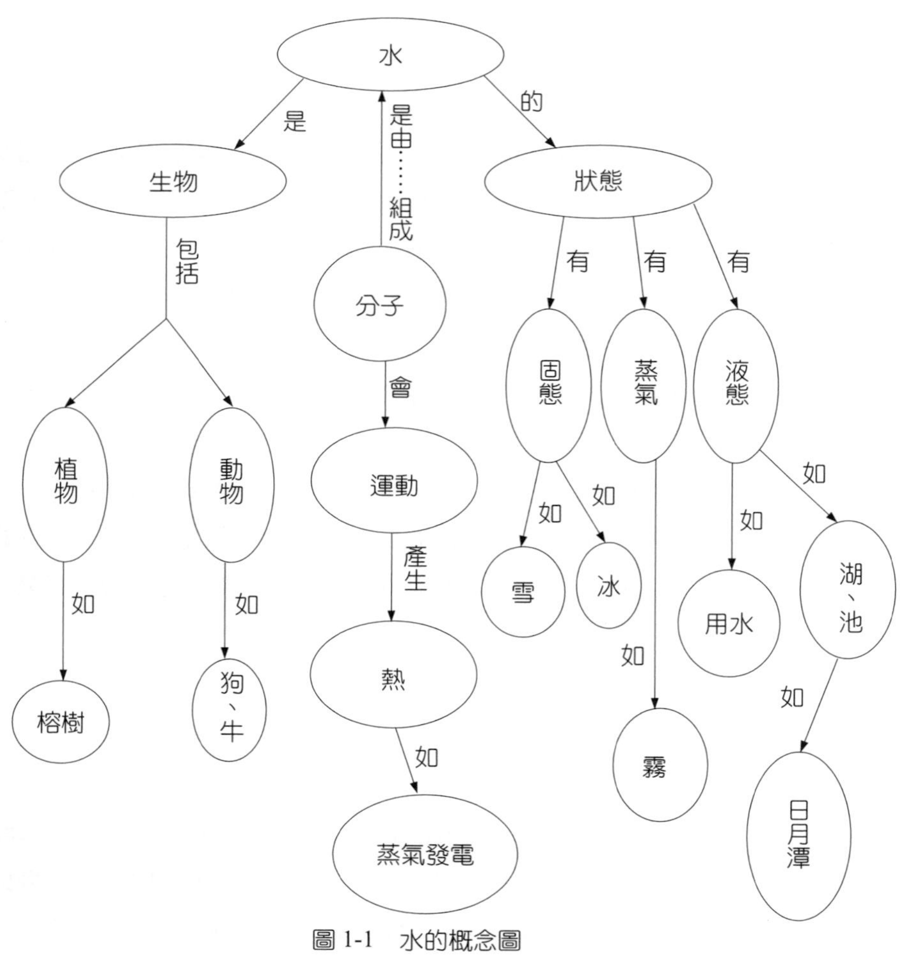

圖 1-1　水的概念圖

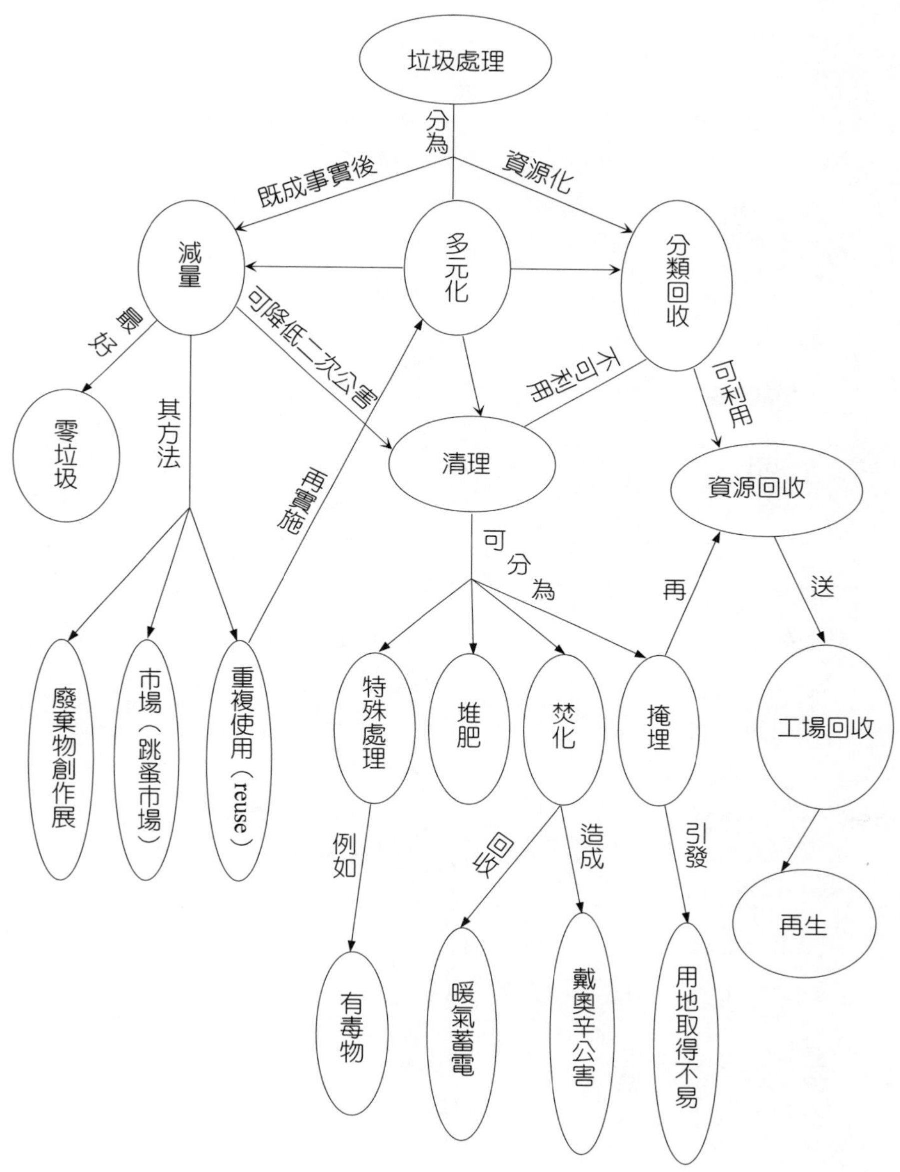

圖 1-2　有效垃圾處理概念圖

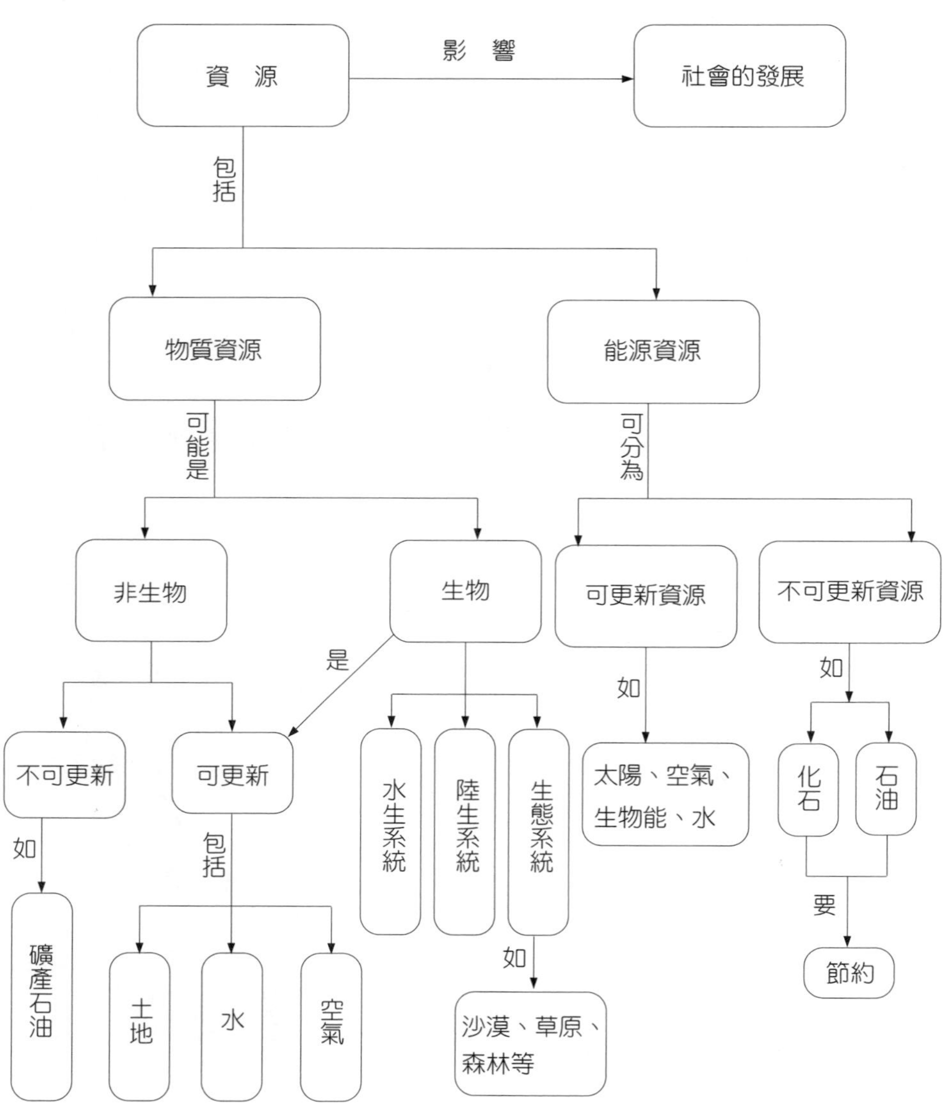
資　源
影　響
社會的發展
包括
物質資源
能源資源
可能是
可分為
非生物
生物
可更新資源
不可更新資源
是
如
如
不可更新
可更新
水生系統
陸生系統
生態系統
太陽、空氣、生物能、水
化石
石油
如
包括
要
礦產石油
土地
水
空氣
如
節約
沙漠、草原、森林等

圖 1-3　資源概念圖

問▪題▪與▪討▪論

1. 舉例說明經濟發展可以兼顧環境的保育？
2. 試以「生態系二氧化碳之循環」作一概念圖。（學習完第四章後）
3. 為什麼環保問題的根本在教育？
4. 除本書第二節外，您對環保問題還有什麼看法？
5. 舉例說明節約用水的擴散性思考？

第 2 章

環境與生態

第一節　環境與生態

人類生存在地球上，亦是地球的一份子，人與周圍的事物脫離不了關係，而這些圍繞在周圍的包括有生命的及無生命的事物，無生命的事物包括水、空氣、陽光及礦物營養等；有生命的事物包括動物、植物及微生物等，這些有生命的事物與無生命的事物統稱爲環境。人類生存在地球上可說與周圍的這些環境因子脫離不了關係，尤其人類有了文明之後，更充分地利用萬物，以致造成環境因人類的活動而有所改變。

在人的活動中，因改變周圍森林狀況，進而影響到該地的溫度、光線及雨水等，間接影響到其中動物的活動，而這種改變的結果又可回逆影響人的活動，因此這種人與環境相互影響的學問，稱之爲生態學，其主要是指個體與另一個體、個體與物理、化學環境間交互作用的研究。

地球表面這些有生命及無生命的事物，諸如氣候、土壤、植物及動物等可組合成不同的沙漠、森林、海洋及草原等，因此在特定範圍內所有生物及其物理環境的總合，我們稱之爲生態系。在此系統中，每個個體與其他個體或環境交互作用，乃經由能量的流動及物質的循環來完成；此種生態的範圍可大可小，以最大的影響層面來看，地球算是一生態系；而小可縮小至一個小池塘，甚至是一滴小水滴。生態系無法封閉起來，地球上任何一個部位發生變化，均會影響到其他地方，只不過是影響的大小或程度有所差異罷了。

第二節　生態系中之運作

生態系既然是一個有生命的環境，其中組成的份子也相互依賴生存，況且地球上的物質亦封閉在此固定的環境中，其中的原子、分子及能量均會發生循環使用的現象，故就此循環的使用者，可分爲三大類：

一、生產者

包括大部分的植物與一些微生物，生產者以簡單的無機物，在太陽能的幫助下合成自己的有機化合物，綠色植物能將太陽能轉變爲化學能，經由光合作用將二氧化碳及水轉變成醣類、蛋白質及脂肪等。

二、消費者

個體需攝食活個體的全部或部分以獲取有機營養的個體，這些個體即是包括人類在內的動物類；動物不能行光合作用產生化學能，依直接利用植物的層次，分草食性動物、肉食性動物及雜食性動物。

三、分解者

大部分的細菌及眞菌均屬此類，他們藉著分解個體的殘餘物及產物以獲得有機營養，這類生物能將活的或死的生物體加以分解成簡單的物質，再被植物吸收利用。

生態系是由不同種生物共同生活而組成，分別屬於上述三大類之中，如熱帶雨林雖只占地球總面積 5.6%，卻孕育了地球上一半的生產者、消費者及分解者。地球上的生物與生俱來都有其生存的權利，每種生物均具有不同的功能與角色，彼此之間相互依賴，因此人類需運用智慧以維持生態的平衡。

第三節　生態系之能源關係

在大自然中的生產者能藉光合作用，將空氣中之二氧化碳及土壤中之水形成葡萄糖、澱物及纖維素等化學能，並可形成一些蛋白質及脂肪類物質，同時產物中所釋出之氧氣，更是其他生物生存不可或缺之氣體，據估計植物每年藉光合作用產生的有機碳水化合物中，碳的含量大約是 24 至 40 億公噸。

消費者及分解者可直接或間接利用這些有機物質，藉其個體內的呼吸作用，將儲存在植物體的化學能加以分解利用，絕大部分的化學能作爲活動及維持生存所需的能量，只有少部分的能量及物質合成其體質。如有 10,000 卡的太陽能照射到地面，眞正能被地球上的植物吸收及固定成化學能約有 1,000 卡，草食物動物吃了這些草以後，在其身上約只能形成 100 卡的能量，肉食性動物再吃這些肉，在其身上約能產生 10 卡的能量，等肉食性動物死亡後其組成物又再被微生物等分解利用，此等能量遞減的關係，稱之爲食物的能量塔（如圖 2-1）。

此處的食物能量塔又稱爲能量的金字塔，就大多數的陸生生態系而言，此種金字塔有一個大的初級生產者爲其基部。上述的數字在每次生物上的傳遞都有大小的能量上差異的損失，例如：豬的換肉率即較人爲高，故豬吃了一公斤的蕃薯會較人長出的肉爲多；但爲何不能長出一公斤的肉呢？因爲豬爲了維持自己的呼吸及新陳代謝亦需消耗能量之故。

因此，人要長出些許的肉，追根究底之下可發現必須消耗不少的太陽能。

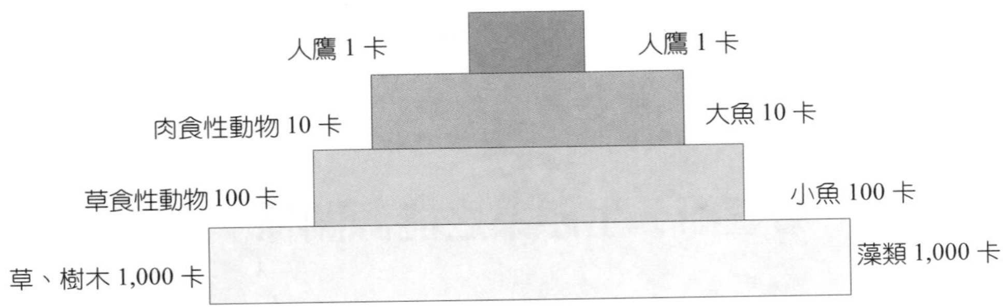

圖 2-1　陸上及水中的食物能量塔

第四節　食物網與營養循環

在自然環境的草原上，常可見到兔子吃著青草，而兔子可能瞬間即變成老虎的食物，此種食性的關係稱爲食物鏈（如圖 2-2）。可是仔細觀察，在自然界中，這種食性的關係並非如此單純，所看到的實況如下圖之關係（如圖 2-3）：

圖 2-2　由草至鷹形成的食物鏈

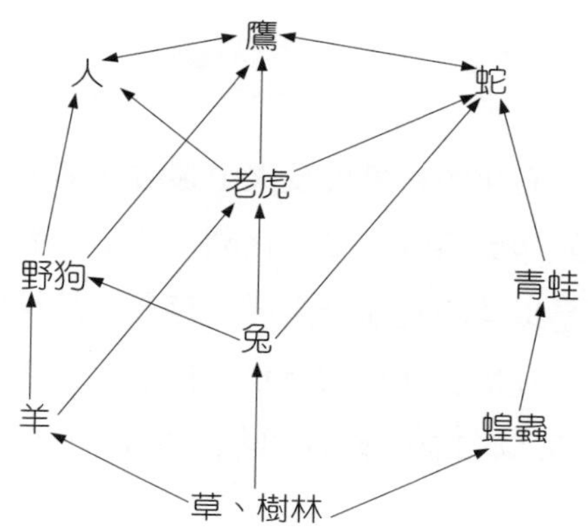

圖 2-3　食物網的食物關係

這種食性相關的現象在肉食性動物及雜食性動物間更為明顯，即使是草食性動物在選擇草料上亦有多重的選擇性。

動物本身不能直接合成有機物質，故需仰賴自植物中直接或間接吸收有機物質，以合成自身的營養，同時維持生存活動所需的能量。至於動物所需的礦物質部分可自水中及食物中直接獲得，而這些生物死亡後的屍體又被微生物分解成小的有機物或無機物，這些原子或分子再度回到環境中，也許數天後又被植物加以吸收利用。這些原子包括了鉀、鈣、鎂和鐵等礦物是屬於地球結構的物質，也許短暫的被不同生物加以利用。例如：空氣污染的二氧化碳，可經由植物之光合作用儲存於植物體內，之後經植物自身的呼吸作用及動物攝食後的消化及呼吸作用，再次將碳以二氧化碳的形式排出體外，又由於在地底下之煤、石油、天然氣均以碳的形式儲存，經由燃燒後釋放出二氧化碳，因此，這些碳原子始終在地球上重複使用。

在生態系中最常見的包括碳氧循環及氮循環，茲將兩者略述如下：

一、碳氧循環

碳經由有氧呼吸、石化燃料燃燒及火山爆發而進入大氣中，每年行光合作用的生物利用氣態或溶解的二氧化碳，將十億噸的碳原子合成有機物。儲存的碳主要是以澱粉及纖維素形式存在，甚至可轉變成脂肪及蛋白質，可經由消費者利用，亦以碳氧化合物形式存在，經過呼吸及燃燒這些含碳的化合物又以二氧化碳在自然界中存在，其循環關係如圖2-4：

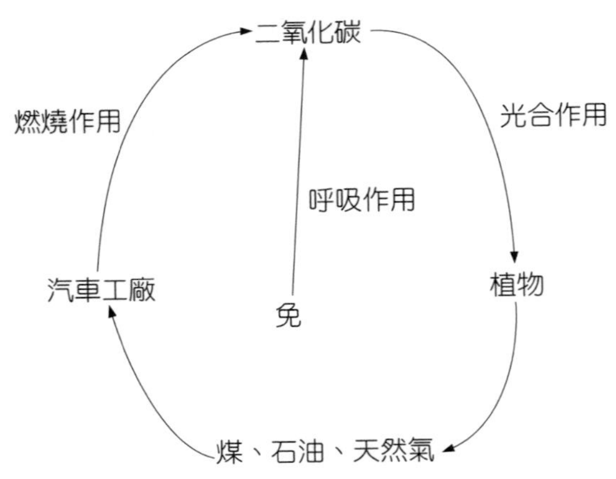

圖 2-4　二氧化碳在自然界中形成的循環

二、氮循環

氮在空氣中占五分之四，但大部分的生物卻無法直接利用空氣中的氮氣，只有少數的固氮細菌可形成氨，而後才被植物吸收轉變成蛋白質，進而由動物利用吸收植物的蛋白質；有了農業肥料以後可利用人造氮肥及生物廢物的分解，再將含氮的化合物如硝酸鹽、亞硝酸鹽及氨等給予植物吸收利用。等動物死亡後、排泄物排出體外後、植物死亡後，再藉由細菌及眞菌將這些複雜的大分子含氮物質分解成硝酸鹽、亞硝酸鹽或氨等，再被別的生物加以利用或存在於自然界中。

第五節　生態環境之種類

地球上的生態環境可分爲陸域及水域生態系兩大類型，陸域生態系統包括森林、草原及沙漠生態系；水域生態系統包括海洋、湖泊、濕地及溪流生態系。由於每一生態系都是生物與環境的組合，其中的生物必依賴其特有的環境而生存，環境中的物理因子，如光線、雨量、溫度及營養等會影響到全區域的生物量多寡。一般常將地球上的生態系分爲五大類：

一、森　林

經常又依溫度、降雨量及光線強弱等，分成熱帶雨林及針葉林等，其中熱帶雨林所含有的營養物儲存於生物體內，生物數目及種類亦多，一旦生物消失，則土壤的營養元素在數年內便會消失殆盡。如以占優勢的植物來區分，可分爲常綠闊葉林、闊葉葉林及常綠針葉林。

二、草　原

雨量較森林少，草原可保護表層土壤，草原又依分布位置不同，亦分為熱帶草原、溫帶草原及極地草原，前兩項涵養著大量的草原生物，亦是世界糧食主要產地。此處的地面平坦或稍有起伏，至於是短草或長草占優勢，則由潮濕程度而定。

三、沙　漠

蒸發量大且年雨量少於 25 公分，生存在此地的生物數目及種類均少，且需具有防止水分散失的控制功能。此處的蒸發量遠多於降雨量，植物很少，許多沙漠都在緯度 30°附近形成。

四、海　洋

地球上 70%約為海域，對大氣的雨量及溫度具有調節作用，又具有大量的礦物鹽，海洋上層 100 公尺內含有大量行光合作用的浮游藻類，可作為海洋中所有消費者的能量來源。

五、凍　原

在此生態系統內通常水分含量很高，且溫度低，氣溫大半均在冰點之下，只有在夏天有日照時溫度勉強將地表解凍一小部分，有少量的生物在此時生存，生長季節短，分布於北極及高山區。

第六節　生態系統的改變

環境中存在各種影響的因子，例如：氣候因子（光、空氣、水分等）、地文因子（山川、河流、土壤等）、生物因子（動物、植物、微生物）和人爲因子（開墾、建築和施用藥劑等）。在長期的自然演化過程中，相互作用，彼此協調，逐漸形成了一種平衡的現象。

就孕育最多生物的森林生態系統而言，自洪荒以來，「火」與「山崩」便是生態林相改變的兩大環境因子，數萬年以來森林經由其週期性作用，已逐漸形成穩定的社會。人類自從利用智慧謀求生存之後，並未發揮應有的管理功能，甚至強加干擾。

不幸的是，在人類發展的過程中，一方面固然獲得了無數的實際利益，創造了無窮的美好事物；可是另一方面卻濫用了自己的權利，使周圍原有的環境遭到了摧殘破壞，這種破壞爲一種無法挽回的破壞。以台灣爲例，長久以來的快速經濟成長帶動了密集的開發利用。於是森林的濫砍、山坡地的濫墾（如圖 2-5）、道路的修築（如圖 2-6）、河流的改造、都市的興建、海岸的破壞、礦產的開挖、野生動植物的獵捕及濫採，無一不導致生態的嚴重失衡。這些改變包括：

㈠大氣層的改變：包括：空氣污染、酸沈降、臭氧的傷害。

㈡水圈的改變：包括：大規模的灌溉影響、水品質的維護。

㈢陸地上的改變：包括：固體礦物、去森林化、將土地轉變成農地及沙漠化。

㈣能源輸入的問題：包括：使用石化燃料及核能產生的後遺症。

圖 2-5　山坡地的濫墾

圖 2-6　道路的修築

第七節　環境阻力

生物生存在地球上即是環境中的一分子，爲了要維持生存，必須從環境中獲得生存的基本資源，如植物需從環境中獲得水、陽光及礦物鹽等，而動物亦需從環境中獲得水及食物等；這些生物既然生存在一個環境中，同種或不同種的生物經常爲同一事物而爭，如在森林中數千種生物共同爲水而爭，自然而然便形成一種生存上的壓力。

如果這種壓力不斷的持續惡化，不斷的凸顯出問題的嚴重性，到了最後這種生存的壓力便會演變成生存的阻力，生存的阻力便使該種生物在這種環境因子影響下無法生存。如某種生物在稍微乾燥缺水的狀況下，便會全部乾旱而死，水便是這種生物生存的阻力；如持續乾旱下去，更有其他種生物無法適應而死亡。

這些環境的阻力即是環境中的影響因子，其中無生命的因子包括水、光線、氣體、礦物鹽及溫度等；有生物的環境因子包括一些生物彼此間的競爭、相食及寄生等。動物常會發生爲食而爭或被某一種病菌所寄生，而造成整個種族的滅亡。目前野生動物急速減少，瀕臨絕種動物所受的環境阻力包括棲息環境的破壞，及人類的大肆捕捉取其肉、皮、毛及骨等，因而造成這些動物的滅種。

第八節　物種之生存

生物學家爲研究方便，將地球上的生物以人爲的方式作不同層次的區分，其中最小的區分單位爲種，種以上又分爲屬、科、目、綱、門、界，大致上將生物分爲五大界；而種的定義爲在自然情況下生物間可交配繁殖產生可孕的後代，現在已命名的生物約有 144 萬種。在自然界中，生物與環境間，彼此交流物質與傳遞能量，形成了生態關係，並構成了自然的生態系。

人類在整個生存及生活的過程中，愈是文明愈是由自我爲出發點，總想何處可以建水庫、機場及大都市，甚至相通的道路，人類從來不曾朝向自我控制的方向努力。近百年來，由於人類文明活動的結果，造成一些生物的棲地遭受破壞，使得該生物喪失原有的生存環境（圖 2-7）。污染即是外界加入一些原先不屬於此地的東西，使得生理不能適應而死亡。獵殺活動的失控，其目的只爲了某些動物的角、皮、毛或肉等等。另外將生物不當的引入或改變了食物網中某個層次，均足以造成某些種類的消失。

圖 2-7　水壩影響魚類的歸鄉路

台灣地區的生態，在過去百萬年以來，生態已達一平衡狀況，即每個物種在某地區的數目已達一穩定的平衡，但最近五十年以來人們經常基於經濟的需求，引進了一些動物如吳郭魚、福壽螺、牛蛙及巴西龜等，目前又販售食人魚，也許數年後又遭棄養野放到河流中；在植物方面，大面積種植檳榔樹（圖 2-8）及小花蔓澤蘭的引進（圖 2-9、圖 2-10），確使台灣固有林木遭受到不可挽回的惡果。另外早期捕殺蝴蝶、毒蛇及熊等野生動物，亦使這些稀有動物瀕臨絕種。

今日，我們的文化演進已經到達非常進步的程度，而且在許多方面，人類也自認爲是獨一無二的生物，但是在精緻及複雜的文化層面之下，人類的行爲卻仍然保留生物性核心。人類的永續發展，有賴於穩定而生態平衡的地球環境。自然保育，是爲人類保護與合理利用地球資源的一種環境行動。因此，人類在追求生活的福祉中，必須兼顧其他生物的生存。每一種現存的生物經數百萬年的演化到現有的結構與生理，對任一種生物都應予以尊重其生存的權利。更何況在整個生物界中，每一種生物均扮演著生產者、消費者及分解者之中的某一角色，亦爲食物網中的一分子，食物網中各分子數目及種類愈多，愈能維持該系統的穩定，如此在維繫各生物的生存上，更有其必要性。

圖 2-8　大面積種植檳榔樹

圖 2-9　蔓澤蘭之危害松樹情形

圖 2-10　蔓澤蘭開花情形

第九節　先哲的生態哲學

隨著地球環境的巨變，最近幾年天災接踵而至，諸如地震、洪水、土石流、乾旱……等災難，讓人們必須重新思考人類與大自然的關係，重新檢視自己在地球上所扮演的角色，是「人定勝天」？「尊重自然」？「天人合一」？「人類是萬物之主宰」？自古以來，我國先聖先哲對人與自然的關係，都有精闢的想法，例如：老莊、爾雅、詩經、四書等多有涉獵，作者才疏學淺，僅提供數則，期待有興趣者，進一步去研究探討。

一、老莊的「自然」哲學

老子、莊子在環保方面的見解可分爲生態知識與修身養性（個人）兩方面，老子之道即爲「無爲」「自然」，天地自然之道，呈現宇宙生命的法則。老子的《道德經》最富有生態學原理，在個人修身方面，老莊崇尚「自然」，人性哲學以「抱樸歸眞」，提倡樸實生活以及倡導人與自然的和諧相處，也就是自然的資源有限，減少貪婪，污染就降低，符合永續經營與心靈環保的目標。今舉老子《道德經》數則：

- **「上善若水，水育萬物而不知」、「水善利萬物而不爭」**

  水是大地之母，若沒有水就沒有生物；水善就是好水的意思，水中必須有溶氧（BOD），水中的溶氧是水中生物的生存必需。萬物是指生界中之自然、動、植物以及人類，可見水在生態中的重要性。

- **「萬物作而弗始，生而不有，爲而不恃，功成而弗居」**

  我們如何對待地球上的其他生物呢？生命的起源，大部分的生物學家是支持生命來自化學演化，是由簡單分子到複雜構成分子，生物是幾十億年前形成生命以來，慢慢演化與適應而來，所有生物之生存，人類並不「占有」它，即所有生物是自然形成演化而來，不應該任意宰殺或破壞，人類也不可以此自恃，萬物生生不息，人類不居功。

- **「人法地，地法天，天法道，道法自然」**

  自然的生態法則有生物多樣性、複雜性、循環與動態的平衡等法則，這就是道，就是自然的道理，萬物順其性、自生自滅、生生死死、生生不息是自然法則。人法地，人類必須依大自然地勢與坡度（順向坡、逆向坡等）來利用土地，也是水土保持的最高原則，然而現今山坡地的濫建，導致土石流與洪水的發生，都是肇因人類不遵守大地的自然法則所引起的。

- 「人之所知，不若其所不知」

——莊子．秋水篇

一語點破人類對生態的了解是侷限的，我們必須有全球觀、宇宙觀，而非「人」觀才是正確的。

- 「澤雉十步一啄，百步一飲，不蘄畜乎樊中。神雖王，不善也」

——莊子．養生主篇

這一段是在描述水澤裡的野雞，雖然在野外生活，覓食不容易，可是牠並不祈求被養在籠子裡。

- 「……昔者海鳥止於魯郊，魯侯御而觴之于廟，奏九韶以為樂，具太牢以為膳。鳥乃眩視憂悲，不敢食一臠，不敢飲一杯，三日而死。此以己養養鳥也，非以鳥養養鳥也。夫以鳥養養鳥者，宜栖之深林，遊之壇陸，浮之江湖，食之鰌鰷，隨行列而止，委虵而處。……」

——莊子．至樂篇

這一段是在說明各種生物都有它的生存權利，應該讓它們以最自然的方式去生存，所謂「鳥養養鳥」的理論是順著鳥的本性生活，而不是以人為的方式來養鳥，順著動物本性回歸自然，勉強捕捉或餵養，只會造成悲劇。

- 「物順自然，而企容私焉」

——莊子．應帝王篇

即生物應順應自然法則生存，不被人為干擾。

由此看來「天人合一」的自然生態觀強調人與自然和諧共處，這是古聖先哲留給我們最好的生態哲學。

二、四書中的自然保育

- 「不違農時，穀不可勝食也，數罟不入洿池，魚鱉不可勝食也，斧斤以時入山林，材木不可勝用也」

——孟子．梁惠王篇

意謂著種植穀物時應配合植物的習性（如長日照，短日照植物），則作物收成無虞。網魚的魚網大小也有原則，太小的魚網不去網魚，不毒魚、不炸魚、不用流刺網、不一網打盡，則年年有魚可吃。春天百木欣欣向榮不伐木，伐木有季節之限制。這都說明古聖先哲自然生態保育的想法。

- 「萬物並育而不相害，道並行而不相悖」

——中庸

指所有動植物（物種）均享有生存的權利，不可輕易剝奪，所有生物互依互存，「道」是指自然之生態基礎，自然生態原理是不能違背的。

- 「今夫山，一卷石之多，及其廣大，草木生之，禽獸居之，寶藏興焉，今夫水，一勺之多，及不其測，黿、鼉、蛟、龍、魚鱉生焉，貨財殖焉」

——中庸

此段談及物種的多樣性問題，地球供所有生物生之、居之，若生物的物種愈複雜、愈多樣，則愈有利於生物物種的穩定。

- 「斬伐養長不失其時，故山林不童，而百姓有餘材也」

伐木有時，林木有休養生息的空間與時間，便不會牛山濯濯，不會有土石流。

從以上數則，不難發現先哲的生態哲學，維護自然生態和諧的價值觀與人類行爲準則的規範，不也是一種環境倫理學（Environmental Ethics）嗎？人類在此世紀的高科技時代，亟需新的行爲規範。

問・題・與・討・論

1. 如果地球上不再有陽光，生態系會有何改變？
2. 你每天吃的各種食物都到哪裡去了？
3. 人與碳和氮循環有何關係？
4. 台灣地區有哪些生態系？
5. 我們要如何將台灣恢復到原有的生態？
6. 請從四書中找出有關生態資源保育詞句？
7. 以福壽螺、蔓澤蘭等為例，指出外來種生物，對本省生態與經濟的影響？

第 3 章

環境與人類的 DNA

第一節　遺傳物質是 DNA

眾所周知，龍生龍、鳳生鳳、老鼠的兒子會打洞，這就世俗所說的遺傳。遺傳是將上一代（親代）的遺傳性狀（Character）很精確地傳給下一代（子代），這些遺傳性狀（遺傳訊息）的傳遞是靠細胞核內的染色體（Chromosome）。近幾十年來，科學家實驗證明確定染色體內的 DNA 是遺傳的物質。DNA 爲去氧核糖核酸的縮寫（Deoxyribonucleic Acid, DNA）；另外一種叫做 RNA（Ribonucleic Acid, RNA）則爲核糖核酸。

人類的染色體共 23 對（圖 3-1），從染色體逐步放大圖（圖 3-2）得知，染色體和 DNA 間之關聯，DNA 是雙股螺旋結構（Double Helix structure）（圖 3-3）。而DNA分子中的一段叫基因（Gene），基因位在染色體上。其中 DNA 分子之核酸序列是由四種不同的鹽基（base pair）〔如：腺嘌呤（Adenine）、鳥糞嘌呤（Guanine）、胞嘧啶（Cytosine）、胸腺嘧啶（Thymine）〕所組成，其中 DNA 鹽基 A 與 T 配對，G 與 C 配對。DNA 的結構決定了蛋白質的性質與功能，蛋白質主要負責調節細胞的活動，而每種蛋白質皆由一條以上多胜鏈（Polypeptide）所組成，每一條多胜鏈則是由許多胺基酸所組成的長鏈。DNA 中的訊息乃是以其中一股的核苷酸序列之形式存在，每一個訊息單位（即一個基因）均可特化出一條多胜鏈的胺基酸序列，這些胺基酸鹽基序列決定了細胞（甚至於生物整體）的表現與其功能。即三個一組（三字碼）的鹽基，決定 20 種胺基酸，叫做遺傳密碼（Genetic Code）。例如：苯丙酮尿症（Phenylketo Nuria）、半乳糖症、糖尿病等就是不同遺傳密碼，所指令出的生化反應有錯誤的結果。

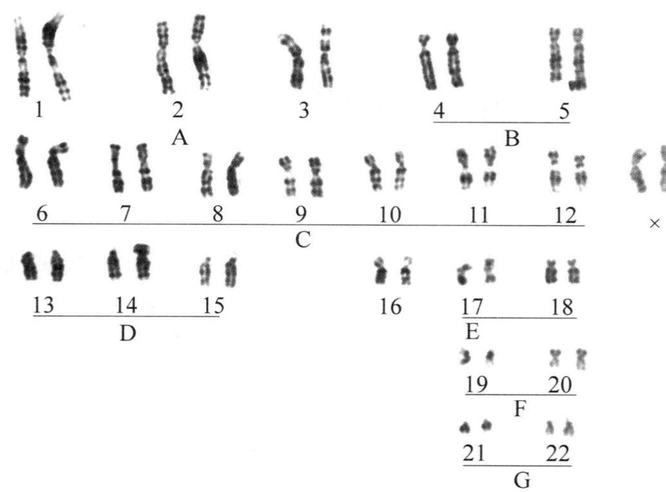

圖 3-1　人類女性的染色體

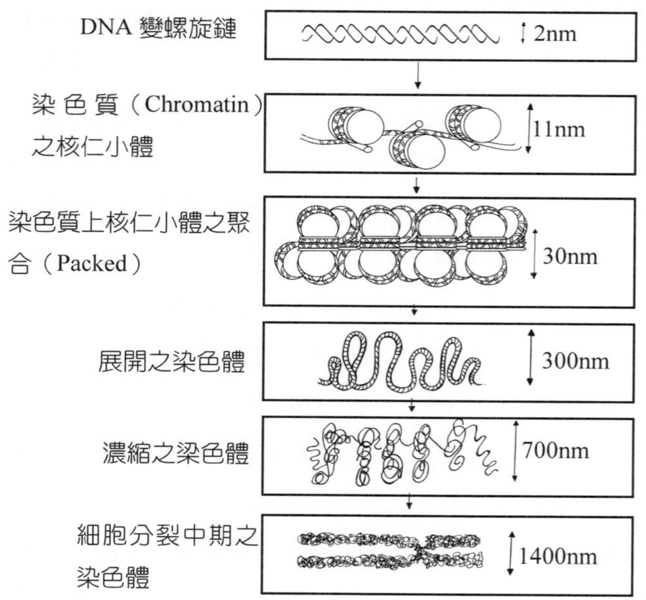

圖 3-2　染色體與 DNA 關聯圖

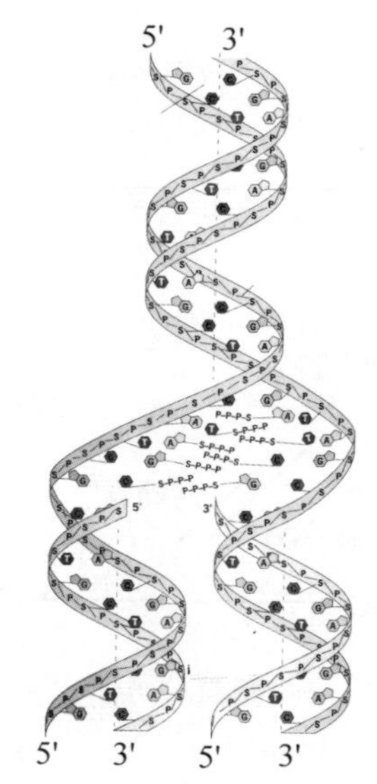

圖 3-3　DNA 雙股螺旋結構

第二節　DNA 的作用與表現

DNA 如何作用與表現？如圖 3-4，稱之 DNA 的中心法則，闡述 DNA、RNA 與蛋白質三者之關係，即由 DNA 複製 DNA，DNA 轉錄到 RNA，再由 RNA 轉譯到蛋白質的合成，這就是 DNA 中心法則。生物遺傳的訊息是傳遞方向是由 DNA 到 RNA，再由 RNA 到蛋白質。轉錄是以 DNA 為模板，藉 RNA 聚合酶（RNA polymerase），以合成 mRNA 的過程，轉譯就是 mRNA 的密碼，藉 tRNA 的攜帶將氨基酸在核醣體上合成多胜鏈的過程。DNA 複製 DNA，DNA 藉 RNA 聚合酶轉錄到 mRNA，如圖 3-4 之 uuu 代表苯丙氨酸，再經轉譯作用到多胜鏈（Polypeptide）上的苯丙氨酸（Phe）。

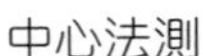

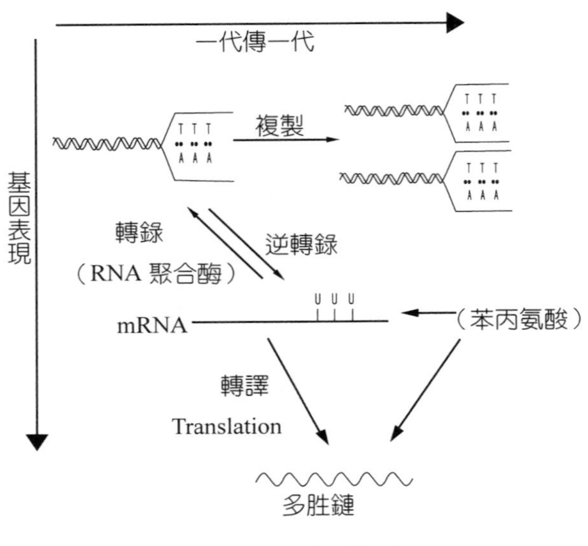

圖 3-4　DNA 中心法則

第三節　DNA 改變的原因

當 DNA 的化學結構改變時，致使鹽基序列改變，我們稱之爲突變。即當 DNA 之鹽基序列改變時，所決定的胺基酸就與原來的不一樣，致使其蛋白質發生變化，遺傳性狀就會跟著改變，在遺傳學上叫做基因突變（點的突變），例如：鐮刀型貧血（Sickle Cell Anemia）是屬於人類的一種遺傳疾病，它會影響血紅素攜帶氧氣的功能，嚴重時會致命，此病變的原因是血紅素鏈上的第六個氨基酸的麩胺酸（Glutamic acid）被纈草氨酸（Valine）取代所致，正常人的密碼是 GAG，而病患爲GUG，所以很顯然的本病的起因，是由於DNA上的鹼基被取代置換所導致的，即T被A所取代（註：正常人DNA胺基酸為CTC，經mRNA轉譯為GAG（Glutamic Acid），病患DNA胺基酸為CAC經mRNA轉譯成GUG（Valine），mRNA四種鹽基為A、U、G、C，有別於DNA鹽基中T被U替代）。簡言之，當DNA的鹽基發生變化時，遺傳密碼在譯讀時，隨之發生改變，所合成的蛋白質就與原來不同了，稱之突變。

近來，因爲科技的發達與進步，帶給人類許多的方便和好處，但也伴隨著許多新的危險。以 X 光爲例，它是醫學的工具，但也有負面作用，若照射太多對身體不好。在現今的環境中，已經不像過去的環境那麼單純，生活周遭到處充滿了危險的因素，我們必須特別小心。環境中會產生鹽基序列改變的原因，有下列幾種引起突變的原因，其中包括物理、化學、生物等三方面。

一、物理因素

物理因素影響DNA改變主要的是輻射線，其中又以離子化輻射線與非離子代輻射線兩種爲主。從電磁光譜中（如圖 3-5），顯示能量水準。

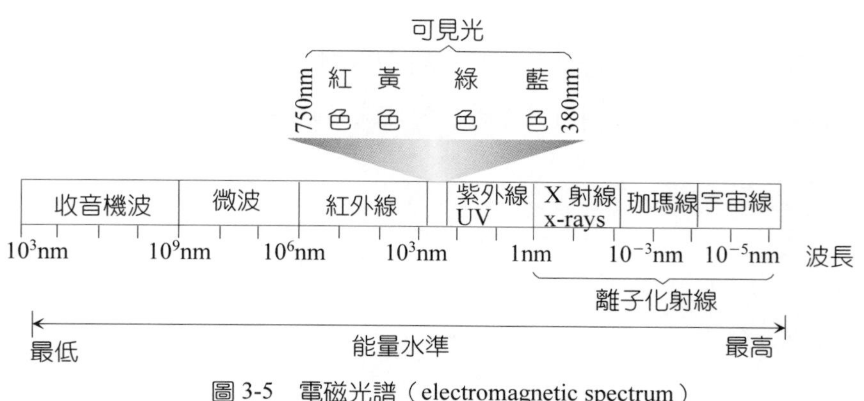

圖 3-5　電磁光譜（electromagnetic spectrum）

譯自 Principles of Genetics 2-ed D.P. Snustad & M.J. Sim mons.

㈠離子化輻射線（Ionizing Radiation）

包括x射線，α、β、γ射線及中子等，此等射線穿透性強，容易造成DNA斷裂而產生突變與細胞分裂時，紡錘絲無法形成造成染色體不分離，DNA又無法自行修補（Repair）時，導致細胞的傷害，如輻射鋼筋房屋的危害、核能電廠產生的污染，均屬此類。特別是分裂中的細胞，所受的傷害影響比不分裂的細胞來得大。

㈡非離子代輻射線（Non-ionizing Radiation）

非離子化輻射線主要是紫外線（Ultra Violet Light, UV），它的能量低，穿透性不強，紫外線產生突變的原因是DNA分子之鹽基中的嘧啶（Pyrimidine）對UV的吸收最強，DNA鹽基序列中，嘧啶與嘧啶相連接的地方，產生共價鍵，形成嘧啶二聚體（Pyrimidine Dimmer），而使DNA的構造改變。

㈢紫外線與人類的生活

1. 紫外線的性質

太陽是地球上能量的主要來源，太陽光依其波長來分，通常把太陽光分為紫外線、紅外線和可見光等。紫外線又分為以下三種：

紫外線形式	UV-A	UV-B	UV-C
特性	波長最長： 400～320nm	波長次之： 320～290nm	波長最短： 280～200nm
到達地表的輻射量	最多： 占 UV 的 98.9%	次之： 占 UV 的 1.1%	幾乎是零
與臭氧層的關係	可穿透臭氧層	多數為平流層臭氧所吸收，但因臭氧層破壞而增加	為高空臭氧層所吸收
注意事項	穿透玻璃進入室內、車內，太陽燈與美容沙龍紫外線燈均有 UV-A	對人體健康影響大	

2. 紫外線對人類的影響

(1)適當的紫外線照射，對健康有正面的作用，因為當皮膚外層曝露在陽光的紫外線下，即可進行合成，俗稱日光維生素（維生素D），且維生素D可增強人體鈣與磷的吸收（圖 3-6）。

圖 3-6　紫外線照射兩難？

⑵產生皮膚的病變，曬太陽易得皮膚癌。因人類破壞了臭氧層紫外線（UV-B），若在沒有防護措施下，曝露在陽光下，會對皮膚造成傷害。如南半球國家產生的著色性乾皮病（Xeroderme Pigmentosum）就是一實例。

⑶眼睛的傷害。紫外線對眼睛的損害，輕者眼睛疼痛、流眼淚、紅腫；嚴重者傷害水晶體，引起視力的病變。

⑷免疫系統的破壞。紫外線會導致白血球抵禦能力降低，產生免疫系統的傷害。

3.如何避免紫外線的傷害？

⑴注意環境署紫外線指數預報。出門前，留意一下紫外線指數（UVI）報告，指數過高則必須做好防護措施。紫外線指數分爲 0～15 級，查詢的網址爲 http://www.epa.gov.tw。

⑵防護紫外線的方法：

①塗抹防曬油防曬指數（SPF）15。表示防曬效果爲防曬指數×10（分）＝150 分鐘。日本的產品以PA（Protection Grade）表示，PA+表示輕度遮斷，PA++表示中度，PA+++表示高度遮斷。

②撐傘、戴帽子、戴太陽眼鏡、穿長袖衣物等也是必須的。

③若在戶外活動時間過長，必須每隔 2～3 小時，補抹防曬油一次。

⑶雪地、沙灘等地活動造成傷害大，因反射的紫外線對眼睛傷害更嚴重，若在高山雪地海邊從事活動，需要加強防曬措施。

⑷避爲上策，除非必要，儘可能躲避日曬，。

二、化學因素

化學因素會造成突變發生，例如：下列幾種化學物質，如烷化劑（Alkylating Agents）、鹼基類似物（Base Analogue）、中間插入劑（Inter-calating Agents）、去氨劑（Deaminating Agents）、其他（Others）如羥氨（Hydroxylamine）等五類爲主，化學因素產生突變，主要是DNA鹽基的環狀構造和鹽基類似物發生轉換或鹽基發生異構轉移（Tautomeric Shift）所致。環境中有許多的化學物質，干擾DNA鹽基轉換或顚換，例如：農藥、工業化學、戴奧辛……等，並禍害人類及生存的環境。

㈠戴奧辛（Dioxin）——世紀之毒

1. 什麼是戴奧辛？

戴奧辛是二百多種不同化合物的統稱，是苯環與氯結合物，即它是一種含氯之化合物，在自然界不易分解，卻容易進入食物鏈，而累積在生物體內。因它不易分解，所以號稱「世紀之毒」。它是在低於500℃下未完全燃燒所產生的芳香烴氯化物，是一種致癌物。十多年前台南縣灣裡露天燃燒含PVC的廢電線電纜，曾造成嚴重公害。

2. 戴奧辛引起的危害

對人體健康的危害，有生殖機能減低、生理機能損害以及人體免疫系統的失調和癌症發生之機率增加等。

3.戴奧辛的來源

除了焚化爐外，車輛、化工製程以及各種物質的燃燒，都可能產生濃度不等的戴奧辛。但依陳文卿（*1999*）稱，若焚化爐的爐溫達 850℃以上、二秒時間，則戴奧辛會分解破壞，但若溫度不夠高，則容易產生戴奧辛。

4.如何減少戴奧辛的危害呢？

⑴垃圾嚴格落實分類，讓焚化爐的溫度能穩定控制。

⑵禁止在露天燃燒垃圾，小型焚化爐亦儘量避免。

⑶減少戴奧辛的吸收，如減少肉類脂肪的攝取及減少暴露在有戴奧辛的環境。

⑷少用 PVC 等塑膠製品及含有機氯的農藥、防腐劑、殺蟲劑等。

⑸儘量利用大眾運輸工具，減少機動車輛排出之戴奧辛。

⑹監督政府機關，偵測焚化爐排放戴奧辛的含量。

⑺定期檢查民眾血液中戴奧辛的含量。

⑻其他。

（註：陳文卿（1999），〈製造戴奧辛——焚化爐並非禍首〉，中國時報（民 88 年 12 月 7 日），台北。）

㈡環境荷爾蒙

內分泌系統是一個複雜的化學信號與傳遞的網路，它用來控制許多反應與功能，許多脊椎動物都有內分泌系統，一般荷爾蒙（Hormone）是由腺體產生的生化物質，藉由血液送到體內的器官發揮功能，控制或是調節生物體生殖、成長、性別傾向及血糖濃度……等等。在必要時，從腦部傳達訊息，在體內各器官（腺體）製造，然後分泌到血液中，再傳到體內需要的地方產生作用。

近年來，有所謂「環境荷爾蒙」是指會干擾生物體內分泌系統之化學物質，例如：戴奧辛、農藥等環境中的內分泌干擾化學物質，並定名爲「外因性內分泌干擾化學物質」（Endocrine Disrupting Chemicals，簡稱EDCs或EDs），它會影響體內環境穩定及維持生殖、發展與行動的自然荷爾蒙。當被攝入動物體內時，會對體內原有正常荷爾蒙之作用產生影響的外因性物質，並介入其生成、分泌、結合、輸送、作用或消滅。此類物質並非生物體內基於需要所產生的，而是由外在環境中進入體內的，過去日本在探討「外因性內分泌干擾物質」問題時，認爲這個名詞太長和太專業，因此改稱爲「環境荷爾蒙」一詞。

1. 環境荷爾蒙的種類（根據日本環境廳所公布，含67種有機化合物及3種重金屬）

⑴殺蟲劑或其代謝中間產物，如農藥、DDT（含有二氯雙苯、三氯乙烷等致癌物質會干擾女性荷爾蒙）。

⑵殺菌劑（其製造過程的副產品會產生戴奧辛）。

⑶除草劑（同上）如農藥、DDT。

⑷塑膠之塑化劑，如 PVC（聚氯乙烯）、罐頭內的塑膠膜塗料（酚甲烷）。

⑸醫藥、化工原料合成之中間產品，如 DES（女性荷爾蒙）、避孕藥、塑膠針筒、保險套的潤滑劑。

⑹有機氯化物之污染副產品或香煙中之芳香族烴（如戴奧辛）。

⑺熱媒及防火材料如多氯聯苯（PCB），台灣已在2000年年底全面清除多氯聯苯製品。

⑻介面活性劑之代謝分解中間產物，例如：清潔劑、肥皂及化

妝品中的乳化劑、清潔劑多含有具有環境荷爾蒙效應。

⑼有機錫（三丁基錫、三苯基錫），如漁網之防腐劑、船上的抗腐蝕油漆等。

⑽重金屬，如鉛、鎘、汞等。

2.環境荷爾蒙所造成的影響

⑴對人類的影響：包括影響精蟲的數目，女性的初經提早，乳癌、免疫系統及內分泌的失調，造成對下一代的影響。

⑵對環境的影響：包括生物族群及生態環境的影響。

上述等物質都有可能釋出環境荷爾蒙，這些物質會形成「假性荷爾蒙」的作用，它會影響身體體內正常荷爾蒙的機制，所以環境荷爾蒙不是眞正荷爾蒙，但它是會干擾內分泌的化學物質。

㈢藥物的影響

嚴格說來藥物也是屬於化學因素，藥物對DNA的影響，人們印象最深的是沙利多邁（Thalidomide），它是一種藥品，若懷孕初期母親服用，則造成嬰兒畸型的機率很大，在1960年代德國和我國都有案例發生，出生的嬰兒四肢短小如海豚（Flipper），顯示該藥物對胎兒骨架的形成有嚴重的影響，所以當懷孕時，應告知醫師，並謹愼服用藥物。

三、生物因素

生物因素例如眞菌、細菌、病毒等，它們都會影響人類的健康。例如：病毒會使染色體產生變化，如懷孕初期中之婦女，若罹患德國痲疹（一種病毒）時，則會影響胎兒的正常發育與健康，所以要特別注意。

第四節　如何確保「DNA」的安全？

從上述引起DNA改變的原因，我們應該如何確保「DNA」的安全呢？特別是想要生兒育女的年輕朋友，下列幾點可供參考：

㈠避免不必要的X光照射。（特別是生殖器官的部位）

㈡產前一定要定期去醫院作產前的檢查與篩選。

㈢購屋時，請建設公司出示無輻射鋼筋證明。

㈣服用藥物要小心，要遵從醫師指示，千萬不能自行亂服藥。

㈤許多食品添加物、防腐劑、染髮劑、化工清潔劑、氯乙稀等均容易致癌，使用時要小心。

㈥慎選家用清潔劑、殺蟲劑等化學物質，儘可能使用自然的替代用品。

㈦其他。

問‧題‧與‧討‧論

1. 夏天外出運動時，若使用防曬油，要買幾號？
2. 對臭氧層的保護，我們能做些什麼？
3. 舉例說出居家有哪些種代用品（環保小秘方）可以用來清潔環境？（例如：橄欖油替代亮光劑、檸檬水洗茶垢……等）
4. 醋除可料理外，在環保上有什麼功能？（請查相關網站回答之）
5. 如何預防「環境荷爾蒙」的危害？
6. 為什麼小型垃圾焚化爐的興建，應審慎評估？

第4章

人口問題

第一節　人口成長現象

一、人口快速增加

《聖經》創世記第一章 27～28 節記載著：「上帝就照著自己的形象造人，乃是照他的形象造男造女。上帝就賜福給他們，又對他們說，要生養眾多、遍滿全地、治理這地。也要管理海中的魚、空中的鳥和地上各樣行動的活物。」今天人類在地球上的確是生養眾多、遍滿全地。然而我們在治理大地、管理其他的動物時似乎出了不少差錯，否則造物主當初美意所造的這麼和諧、圓滿、自給自足、又美麗又豐富的地球，何以會有愈來愈嚴重的環境問題及人口問題？

全球的人口問題及環境問題大致分成兩大類型。一是已開發國家，其特徵爲人口增加較緩，自然資源較不虞匱乏，使用較多資源。一般的國民年平均所得較高、科技較進步、製造較多的污染。另一是開發中的國家，人口增加較迅速、資源較爲短缺、能使用的資源較少，國民年平均所得偏低、科技不發達、製造的污染相對也較少，但環境問題不見得比較不嚴重。況且不管是南方的貧窮國家或北方的富裕國家（北半球）都必須共同承擔，也必須共同維護我們所共有的、僅有的生界，就是我們所賴以生存的地球。如果以臭氧層的稀薄化現象爲例，並不只侷限在南半球的南極洲、紐西蘭、澳洲，慢慢的已經擴散到全世界了。又如熱帶雨林的消失帶來的氣候改變、土壤劣質化也不是侷限在砍伐雨林之後的區域，目前已擴散到鄰近地區、進而影響到全世界，沒有任何國家可以倖免於難。

就北半球而言，人口問題在北方及南方不同的經濟能力、不同的文化背景、不同的期望之下，其實是複雜而多變的。例如：北歐的國家有許多摩登的現代雅痞人士只願享受同居之樂，不願有一紙婚約的束縛，也不願生孩子來「破壞」或「干擾」他們無憂無慮、無拘無束的飲食男女生活。所以面臨的問題是負人口成長、年齡老化問題，而醫療科技進步、人比較長壽、出生率又低，乃形成老人較小孩多的危機。但在南方較貧窮的國家（指較靠近赤道的國家）目前正竭盡全力減少人口。極端的例子之一如中國大陸，然而施行一胎化的後果也有許多的社會問題，如重男輕女、男多於女、老年人多於小孩，具生產力的年輕人及壯年人需負擔極多的老年人的退休金及社會成本，而年幼的人口在 20 年後，婚姻狀況也許會出現女配多男的現象，這都是可預見的隱憂。

人口的增加或減少，受到出生、死亡及遷徙等幾個因素的影響。

人口變化＝（出生＋移入）－（死亡＋遷出）

出生率指每千人中每年出生之嬰兒數；而每千人中每年死亡之人數稱死亡率。所謂的零人口成長（Zero Population Growth，簡稱 ZPG）即是出生及移入的人口和死亡及遷出的人口相當，人口呈現零成長。全球每年的人口變化（以全世界而言，無所謂遷入或移出），以下列公式表示之：

自然人口年變化率（‰）＝（出生人口－死亡人口）/1000×100

即平均每千人中每年出生人口減去死亡人口稱之。

在人們懂得耕作或畜養動物之前的漁獵時期，大約是一萬年前，全球的人口大約只有數百萬。農業革命之後，大量的耕作作物使得食物供給不虞匱乏，人口在西元前 500 年增加到 5,000 萬。數千年來人口的增加非常緩慢。據推測，基督的時代（歷史第一世紀）全球人口約是 3 億，直到中世紀，疾病、飢荒、戰爭使得人口成長受到阻礙，在 1348 至 1650 年期間，瘟疫不時的發生，最嚴重的時候，大約歐洲三分之一的人口都消失了。到了 1650 年，全球人口約有 6 億。

1600 年以後人口快速成長，其原因可歸納爲航海及導航技術進步，使國家及國家之間交通頻繁、農業更形發達、能源開發、較佳的醫療及衛生等等。但是，人口的爆增是否會超過環境所能負荷的程度？

1999 年 10 月 12 日世界人口突破 60 億，預估 2050 年，全球人口將達 89 億，是現在人口的一倍半，2200 年以後，人口數目將維持在稍微高於 100 億左右。目前因已開發國家及開發中國家生育率都已降低，且壽命延長，所以人口的老化是全球共同的問題。人口老化所帶來的影響有：經濟，勞動力供給與就業、健康、長期照顧等。到 2006 年時約有一半人口集中在都市地區，所以大型都市人口將持續增加，而都市的發展亦將有增無減。

在貧窮且人口快速增加的國家，人口每年增加 3‰～4‰，而食物只有增加 2%，食物的需求量大於供給量，因此，每年全球將有九萬人死於飢餓和營養失調。

馬爾薩斯（Thomas Malthus）憂慮：人口過多將造成資源用盡，污染、過度擁擠、失業等問題，這些問題會引發飢荒、疾病、犯罪、貧窮，甚至點燃戰火；而馬克思（Karl Marx）卻認爲剝削和壓迫才是造成這些社會問題的原因。實際上，人口增加是這些問題的結果，不是原因。從馬爾薩斯的觀點來看今日的人口問題，解決的方法就是管制人口的出生，則地球的資源可以在其負載能力之內供應全球所需。而馬克思主義者則從消滅剝削和貧窮，並且發展科技和社會公義，來解決人口問題。然而也有少數樂觀者認爲人力乃最大的資源，而污染、犯罪、失業、擁擠、物種絕滅或資源有限，都和人口的增加無關。

二、人口結構

人口結構圖（圖 4-1）的基本型態大致可分爲兩種：⑴人口快速成長：三角型；⑵人口緩慢成長（或負成長）：柱型。人口結構圖的中央有一垂直線區分左右兩半，左邊代表男性，右邊代表女性人口；上下分爲三個區段，最下面 0 至 14 歲代表生育前期，中段 15 至 44 歲，代表生育期，45 歲以上代表生育期後，每一小隔差 5 歲，所以，如果人口結構圖的底部 0 至 14 歲的人口多，表示很快的，這些生育前期的孩童就到達生育年齡，有極大的人口增加的機會。如果結構圖的底部較小，就表示這個人口結構可能是零成長或負成長。

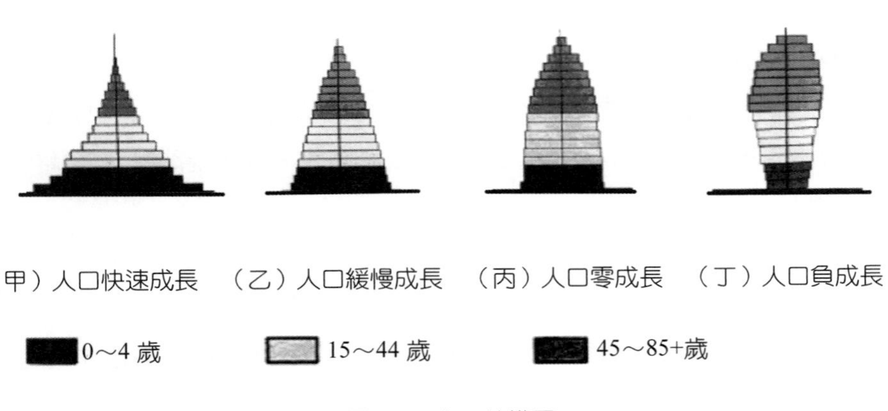

圖 4-1　人口結構圖

影響生育率和婦女生育的因素有：

㈠受教育程度和富裕的程度：已開發國家的生育率和每個婦女生育總數比較低，而她們往往受過較多教育，也比較富裕。

㈡童工在勞工市場的比重：開發中國家的兒童，很小的年紀就已投入工作中，所以生育率較高。

㈢都市化：住在都市中的人比較能取得家庭計畫用品，所以小孩比較少。

㈣養育和教育孩子的費用：已開發國家的生育率較低，教育和養育20 歲以下的孩子，費用也比開發中國家昂貴許多。

㈤婦女受教育及工作的機會：如果婦女能受教育並可離家工作獲得工資，她們生育孩童的數目較少。

㈥嬰兒死亡率：在嬰兒死亡率低的地區，婦女生比較少嬰兒。

㈦平均結婚年齡（或婦女生第一胎的年齡）：婦女 25 歲或以上才結婚，則生育兒女的數目較少。

㈧私設或公設養老制度的設置：養老金使大多數人不會因爲養兒防老而生養許多孩子。

㈨合法的墮胎：估計全世界每年有 3,000 萬合法的墮胎，和 1,100 萬至 2,200 萬非法墮胎。

㈩可靠的節育方法。

⑪宗教信仰、傳統、文化背景：有些文化傾向於大家庭，反對墮胎或節育。

提高死亡率是不可能的，緩和人口成長只能從節制生育著手。今天全世界有 93%的人口是住在必須降低生育率的國家。根據推算，全世界人口將的由 1985 年的 50 億增加到 2050 年的 100 億以上，這麼多的人，會造成什麼問題呢？我們有足夠的食物、能源、水、衛生、教育、健保、住屋嗎？我們有能力解決已經非常嚴重的貧窮嗎？我們能提供足夠的食物和其他的必需品，而使無法更新的資源不會枯竭嗎？這個地球可以使加倍的人口都過著水平以上的生活，而不致傷害我們所在的自然環境嗎？

第二節　人口增加衍生問題

如果我們把目前的環境問題歸納為：

㈠人口增加。

㈡物種絕滅：生物多樣性受威脅，生態系的平衡趨於脆弱。

㈢全球溫暖化：海平面上升、影響氣候、聖嬰現象、女嬰現象出現頻繁等。

㈣廢棄物增加：水污染、空氣污染、臭氧層稀薄等。

由上所述，我們可以很快地找出環境問題的主要根源是因為人口增加過速。人類一方面為了生活所需的糧食、水、居所等，擴大了開發的範圍。一方面科技進步亦加速能源及資源的消耗及廢棄物的產生。於是其他生物的棲地、生態環境縮小，故物種的絕滅，較之大自然自我調節的速度，快了數十倍甚至數百倍，許多的物種因棲地消失，或改變成人類住所、工廠用地，因而無聲無息的從地球上消失。

人類使用許多科技產品，享受富裕、進步生活的同時，石化燃料的使用不僅使地底下、海底的礦藏，日以繼夜的消耗，也帶來空氣污染、酸雨、建築物腐蝕、水污染、土壤、河川污染等問題。同時大氣中二氧化碳迅速大量增加，造成溫室效應。如同夏天把車子停在太陽下，陽光中的熱被留在密閉的汽車內，過了一、二小時，當人們要再進入汽車內時，其中的溫度較車子外的溫度高出許多，甚至有嬰兒因而熱死或窒息而死的報導。使用石化燃料所產生的廢棄物有數千種化學物質，單單二氧化碳就會造成溫度上升，南北極冰山可能因此融解使海平面上升，進而淹沒全球大部分沿海都市及其中的人民與生命財產。

貧窮國家（大部分處於近赤道及其附近的熱帶地區）為了要解決貧

窮的問題，而砍伐森林（著名之熱帶雨林）賣給較富裕的國家，或焚燒森林以開墾爲農牧用地。然而由於熱帶雨林的礦物質大部分存在樹幹之中，待砍伐一空，土地的養分經一年、兩年之後消失殆盡，致使無法耕種，也無法放牧，等同沙漠，人們於是變得更加貧窮。地面的森林消失後，上空不易形成地形雨，逐漸影響到大區域的氣候、降雨量等，由此看來，人們對熱帶雨林的不當開發眞是捨本逐末的做法。我們應輔導熱帶雨林的所有國家，愛護森林，有智慧、有限度的從森林中取用生活所需，千萬不要再加以焚燒或砍伐殆盡。

石化燃料燃燒之後產生的廢氣，會影響人類的健康，也會造成植物、動物生長的阻礙。塑膠、保麗龍是石化工業的副產品，更被稱作萬年垃圾，是各國政府最頭痛的難題。有賴科學家加倍努力研發可以分解這種萬年垃圾的細菌，使其回歸大自然，及一般所謂生物分解（Biodegradable）。臭氧層更是熱門話題，當氟氯碳化物（俗稱 CFCs）上市時，科學家欣喜於無毒、無色、無臭、便宜、多用途等特色，沒有想到竟會長效性的造成臭氧層的破壞，進而使紫外線不受遮攔的穿過大氣層進入地球表面，造成人們的白內障、皮膚癌及動植物生長受阻。

人口增加也會造成人口族群內的緊張，甚至在文化競爭上引發衝突或戰爭。不僅在生物的層面上，即便是生活所需之食物、水、空間都有可能造成需求增加，品質降低、競爭過烈。在文化或政治上亦有可能發生衝突。惟這種現象在人口較爲稀少、生活資源不虞匱乏的大片土地上比較不會出現。

第三節　未來人口控制——印度和中國

一、印　度

全世界第一個全國性的家庭計畫政策是由印度在 1952 年開始實施的。那時，印度的人口接近 4 億。到了 2000 年，經過 48 年的家庭計畫，印度仍是全球人口第二多的國家，有 10 億人口。

1952 年，印度人口增加 500 萬，2000 年增加 1,800 萬——相當於每天出生 49,300 人嗷嗷待哺。全球超過 30%的人口出生於印度。印度人口的 36%在 15 歲以下。推測印度在 2025 年人口將達十四億。廿二世紀初則可能達 19 億。每個印度婦女平均有 3.3 個小孩，與 1970 年的 5.3 個小孩相比是減少了。雖然生育率下降，但是印度人口仍然以 1.9‰的比例快速增加。預計在廿一世紀中葉，印度會取代中國，成爲世界上人口最多的國家。

印度是世界上最貧窮的國家之一，國民年平均所得約是 440 美元。大約 40%的人民受營養不良之苦，主要的原因就是貧窮。印度 5 歲以下的孩童有三分之二是沒有餵飽的。平均的壽命只有 59 歲，嬰兒的死亡率在每一千個出生的嬰兒中有 72 個嬰兒夭折，學齡兒童留在學校中就學的時間，男童平均就學 3.5 年，女童平均就學 1.5 年。所以印度 15 歲以上的人有 48%是文盲。在印度大約 70%的人沒有衛廁，而 30%的人沒有乾淨的水可飲用。

分析家憂慮，印度的營養不良和健康問題已經夠嚴重了，再加上人口不斷的增加，無疑是雪上加霜。印度的人口占全世界的 17%，但她只有全球 2.3%的土地資源，和全球 1.7%的森林。印度的農耕地有一半因爲土壤侵蝕、淹水、鹽化、過度放牧，和森林消失而遭到破壞。印度有 70%的水受到嚴重污染，衛廁更是不足。

如果印度沒有施行人口政策，則人口問題和環境問題會更加嚴重，然而印度所施行的家庭計畫並未完全達到成效，因爲沒有作周全的計畫，行政體系亦未能有效運作，婦女的社會地位低落（雖然憲法規定兩性平權），並且因極度的貧窮，人口計畫缺少行政及經濟的支持。

雖然印度政府也強調小家庭的優點，然而每個印度婦女仍平均有 3.3 個孩子。因爲他們相信，小孩可以工作，而且在父母年老時可以照顧他們。許多文化和社會的習俗仍偏向大家庭，尤其又偏愛男孩。有的家庭一直生孩子，直到有一個或更多男孩。這可以解釋爲什麼有 90%的印度夫婦至少知道一種節育的方法，但卻只有 43%的人眞正使用節育方法來控制生育。

二、中　國

中國擁有全世界最多的人口。中國的土地和美國差不多大，但人口卻有美國的 4.6 倍。

自 1970 年以來，中國作了很大的努力來餵飽人民並且減少人口。1972 年至 2000 年，中國的出生率由每年每千人 32 個嬰兒，降到 17 個嬰兒。每個婦女所生育的孩子也由 5.7 個降至 1.8 個。1985 年以來，嬰兒的死亡率約是印度的一半，而 18.5%的文盲比例，是印度的三分之一。平均年齡可達 71 歲，比印度多 12 歲。中國的國民年平均所得是美金 750 元，約是印度國民的兩倍。這許多方面的確成績斐然，但是中國有全世界最多的人口（13 億）和 1.0%的成長率。1998 年，全國增加了 1,200 百萬人口，預測於 2025 年將達 16 億人口。

爲了使生育率大幅下降，中國實施了全球最嚴格、最徹底、最殘酷的人口政策。青年男女通常被要求延遲結婚的年齡，而且不准許生第二個小孩。已婚的夫婦可以免費的避孕、節育、墮胎。

夫婦若只有一個小孩就會有多餘的食物，較多的退休金，比較好的住屋，免費醫療、獎金，小孩子的學費免費，較佳的工作機會。如果他們有一個以上的小孩，則所有的優惠全部取消。爲此之故，中國已婚婦女多達81%進行節育，相對之下更高於已開發國家的60%及開發中國家的36%。

1960年代，中國政府體認到，如果不能嚴格管制生育，只有集體餓死。中國是一個集權國家，所以和印度不同，中國可以實行這種全面性、持續性的人口政策。而且，中國的社會屬於均質性，使用同一種文字，所以，可以教育民眾家庭計畫的必要性，並且推行政策，減緩人口成長。

中國的人口極多，仍在成長中。對於環境的影響也極大，同時也降低其提供足夠糧食的能力，並威脅很多人的健康。中國的人口是全世界的21%，但只有全球7%的農地、3%的森林及2%的石油。根據中國科學院的估計，2016年中國的森林資源將全部耗盡。

可喜的是在1986年至1996年之間，中國政府保護環境的經費加倍了。但是，在境內大部分的河流，尤其在都市中，受到嚴重的污染。許多城市的空氣污染已經引起廣泛的健康問題。

然而中國所實施的強迫性人口管制，卻發生許多慘無人道的事。殺嬰、丟棄女嬰、在懷孕七個月之後或生產時仍施行墮胎等等，時有所聞。同時，一胎化造成老年人逐漸增多，社會負擔增加，並且亦有男多女少的問題。

大部分國家避免使用類似中國所採行的高壓政策。高壓政策不只和民主價值及個人權利相衝突，長久以後也會失效，因爲老百姓遲早會反抗。然而這個政策的其他部分倒是可以使用在很多開發中國家。尤其是將避孕計畫送到家門口，比讓人到很遠的地方去進行節育方便多了。也許其他國家能學到的教訓就是，在餓死全國人民和強迫節育之間做選擇之前，就要努力降低人口成長。

第四節　台灣人口問題

1557 年，當葡萄牙的商船行經台灣，水手們看到這個鬱鬱蒼蒼、野獸出沒的海島，不禁驚呼「福爾摩沙」，意即美麗之島。十七世紀郁永河這樣形容：「野猿跳擲上下，向人作聲，若老人視，又有老猿，如五尺童，箕踞怒視。」「山中野牛甚多，每出千百爲群。」這時的台灣可說是世外桃源。原住民稀落的散住在平原、森林之中，人口稀少，生態環境原始天成。原住民對於所住的森林，多行捕獵，未有豢養。林中野獸極多。

明清之際，漢民族移民至台灣，拓土墾荒，逐漸開發西部平原，改變成農田。移民的人數逐漸增加，持續至日據時代。在中共占據大陸時，國民政府遷台，帶來大批的移民，或說難民潮。這時的台灣人口從 250 萬增加到 600 萬。

從民國 38 年政府遷台到今天，50 年之中，人口增加迅速，已達 2300 萬，是原來 600 萬的三倍半以上。台灣的面積沒有增加，農地也多限於西部平原，森林卻急速的減少。工業發達之後，污染也隨之增加。

2000 年，台灣的人口已達 2,227 萬人，估計在 2038 年，出生人數將等於死亡人數，人口達到零成長後開始下降，估計當時的人口爲 2,568 萬人。而至 2051 年時，總人口數將減少至 2,512 萬人，但相較於 2000

年，仍有增加。目前有兩派學者對於台灣人口政策持不同看法：悲觀者認爲，生育率繼續下降將使台灣地區人口嚴重衰退。人口老化，勞動力不足，將是伴隨人口負成長而來的現象，這派學者主張及早鼓勵生育。另一派樂觀的學者，則認爲台灣地區的人口保持穩定狀態可以減少人口擁擠的壓力，減緩對自然資源的耗竭。而老年人口的增加，會隨年齡結構的改變，維持常數的比例，不一定要增加出生率來緩和老年人比率的成長。他們認爲應該繼續推動「兩個孩子恰恰好」的遞補生育政策（即下一代的人口正好可以遞補上一代的人口），不宜輕易提高出生率。如果台灣的人口能夠持續的減少，可以紓解過高的人口密度，提昇生活品質，推持充分的就業率，所以政府應減少干預出生率。

問 ▪ 題 ▪ 與 ▪ 討 ▪ 論

1. 為什麼人口問題是環境問題的根源？
2. 大陸的一胎化政策有何優、缺點？
3. 你認為台灣的人口政策需作什麼改變嗎？
4. 開發中國家人口以 3‰～4‰增加，食物以 2%增加，為什麼會出現糧食不足？

農業問題

第一節　農業與環境

人類自從有了文明以後，便開始設法謀求掌握自己的食物來源，而從最早的狩獵演變到後來的畜牧，在作物方面則有種植之行為，凡此種種至今已有二、三千年，今日農業所包含的範圍有農藝、畜牧、養殖及漁業等。

人類在從事這些活動之前必須將自然的生態環境加以改變，例如：將森林砍除或焚燒，或將草原及沼澤加以開墾，使得原來生長在原棲地的生物不是被趕走就是被殺死，植物則被視為雜草而去除，之後再將這些土地加以整理，甚至加上一些灌溉或填平的措施，使得這些土地在數年後已失去原貌。即使在數年內的農業活動中，如有原生種的動植物在此地重現，亦被人類視為雜草或害蟲處理。

今日世界人口不斷的增加，對糧食的需求也不斷的增加，且人類文明發展的結果，更要求糧食的多樣性，因此凡是有人類活動的地方，便有農業行為，這些行為的結果使得自然生態環境完全被破壞了。

第二節　農業發展技術

人類的農業活動，由於受到人類文明不斷的進步及相對可利用空間逐漸減少的影響，使得農業活動從早期的看天吃飯逐漸改進，發展出高產量的需求，因而有一些特有的農業技術，諸如：

一、去除田間的雜物

田間如有動植物來占有農作空間或搶食農作物，如野兔、麻雀、蝗蟲、病蟲害及雜草等，人類都會想辦法加以驅離或殺死，使得在田間只有單一種類作物生長及人類養殖的活動存在。

二、施　肥

由於希望農作產量提昇，故種植密度愈來愈高，土壤中的養分不足，因此便有施放肥料以利生產提高之行為，由於化學肥料的使用而逐漸產生土壤酸化。

三、引水系統的發展

由於畜牧、養殖及農藝均希望排除雨量不穩定所造成的困擾，便發展出一些穩定的供水及儲水設施，例如：興建水庫、運河、大圳及灌溉溝渠等，以達適時調節的功能。

四、育　種

由於人類的需求不斷的增加，因此在糧食的生產過程中會要求品質改善、產量提昇、抗病力及抗旱性等增加，期使農作物的產量滿足需求。

在上述的行為中，人們經常只為滿足自己的需求及達成自身的慾望而考量。

第三節　農業對生態之影響

發展農業的過程中，既然所使用的是自然生態的環境，而這些環境絕大多數都是雨量充沛及動植物種類茂盛的生態環境，諸如熱帶雨林、森林及草原生態系統，因此開發新農地的壓力，在人口眾多的中美洲、南美洲、亞洲、中東和非洲最爲激烈。在這些地區，人類不斷迅速侵入森林，破壞了森林原來的涵養水源、調節雨量、防止土壤侵蝕及循環養分的功能（圖 5-1）。世界上大部分的熱帶森林，已成爲農地及畜牧場等。上述這些生態系統是在自然環境中物種最豐富的生態環境，而由於發展農業而造成環境的改變，在單位面積內已造成單一產物或物種的現象。

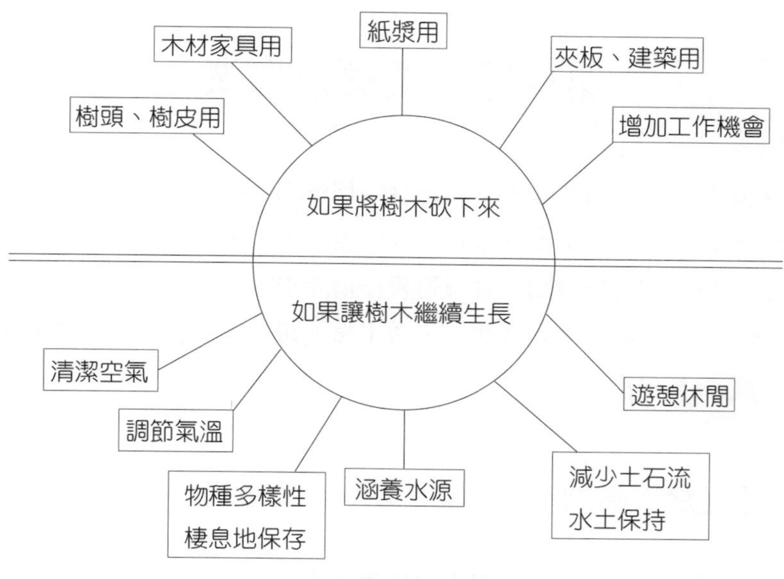

圖 5-1　森林能為我們做什麼？

由此可見今日我們所享有的經濟成長及農業繁榮，幾乎全是以犧牲生態及環境品質爲代價。爲使發展農業與生態兼顧，以下幾項原則值得我們好好省思：⑴加強全民物種多樣性的觀念，儘可能保有一些自然生物的棲息地；⑵加強宣導提供農民正確的環境意識，避免農業生產對環境形成負面的影響；⑶鼓勵生產條件較差的地區，農業經營進行年度休耕，或進行粗放，使這些地區仍保有自然生態孕育的能力。

現代的農業藉著使用大量的肥料和農藥來維繫作物的生長，並採用各種方式提供充足水量以供灌溉，同時先進國家更以石化燃料的能量來帶動農業機械，經由上述方法不斷的改進，穀物的產量確實也提昇了四倍，但現代農業所消耗的能量和礦物質資源卻增加了數百倍。既然發展農業爲不可避免的趨勢，又希望兼顧自然生態的保育，故爲了防止破壞自然生態，在提高單位面積內的作物產量之餘，亦應兼顧其周圍的生態維護，並防止農業過度污染到其他區域。

第四節　農藥及農業

人類早期從事耕作時，若遇到農作物得到病蟲害，不是用手去除，便是全面砍除。自二次世界大戰以後，發明了不少的化合物，這些化合物有意或無意的用於田間，發現對農作物產生不同的功用與效果。最近三十年來藉由類似藥物的合成，生產了幾大類施用於農作物上的藥物，依其功能分類包括：

一、殺（除）蟲劑

用來殺死昆蟲，這些昆蟲大自蝗蟲，小至肉眼看不到的小蟲。依其農藥的種類及濃度，對蟲害有不同的藥效，其施用方式可分爲噴灑或運輸方式。

二、殺（除）菌劑

用來殺死農作物上的眞菌或細菌，甚至可施用於水中或土壤中，更有利於大面積的防治。

三、殺（除）草劑

用來去除田間及路邊的雜草，可減輕早期使用人力及機械去除雜草的費時費力的現象，但是這類藥物通常只是短暫抑制草木的生長。

四、落葉劑

歐美地區大面積的栽種，如向日葵、棉花及葡萄等，爲了收穫方便，先噴該劑去除殘葉，以利採收。越戰時期亦施用森林中以去除葉片。

上述這些藥劑可抑制某些生物的代謝反應，如以高濃度方式使用上述藥物，照樣會造成人畜的危害，何況今日在一般的農藥店可買到的不止這些藥物。

第五節　農藥與生態

這些藥物在施用時，絕大多數都是利用大面積的噴灑施藥，這些藥劑大多數均落在地表及水中，即使落在農作物的表面上，經由落葉或去除農作物殘株，又使部分藥劑回到土壤及水中。如此年復一年的使用，使得某些長效性的藥物在田間造成累積，這種累積也會使得地下水及河流受到污染，更有一些會藉雲雨飄送到更遠的地方。

部分農藥雖是抑制某種生物，但是其抑制作用方式如較爲普遍性，則仍然會對其他生物造成危害，如濃度過高造成別種生物不能忍受該劑量，亦會造成該種生物的死亡。因此在施用農藥時，除了病害的消除，亦會使該環境中的其他生物遭受危害及死亡，人畜日積月累承受這些藥物亦會造成不良的後果。

這些藥物部分是屬於長效性的，如ＤＤＴ是一種含氯的碳氫化合物，可以使昆蟲產生痙攣、痲痺及致死，二次大戰前即已被認定爲一種廣效性的殺蟲劑。ＤＤＴ在自然界中已累積了五十年，這些ＤＤＴ在自然界中不會被分解，既使進入了生物體後，也不會被排泄，而是儲存在脂肪組織當中，經由自然界的食物網關係，導致上層消費者儲存了上百萬倍的ＤＤＴ（圖 5-2）。部分先進國家在了解此類藥效的持久性後，已停止生產及施用這類藥物。面對地球上環境污染愈來愈嚴重的農藥使用問題，如何減少化學藥品之施用量以維護自然生態，成爲人類共同努力的目標。

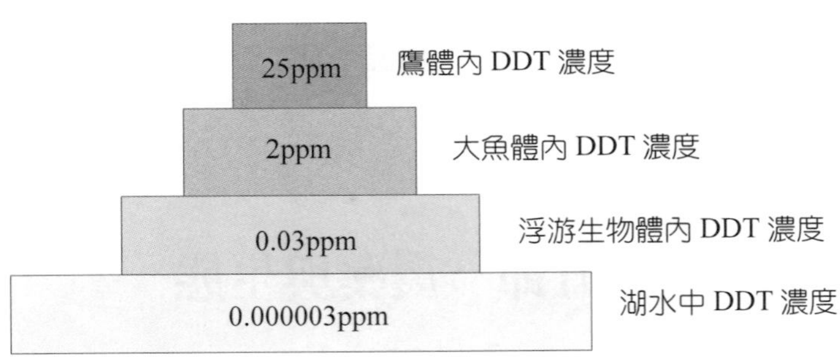

圖 5-2　DDT 在浮游生物、小魚、大魚，最後到達食物網上層

第六節　其他控制蟲害的方法

雖然到目前爲止，農藥是一種既方便又經濟的施用方式，但是由於部分農藥是長效性的，在自然界中造成長時間的累積且持續危害生物，因此應避免使用。如改用短效性的農藥，在噴灑兩週後便失效，也增加了農民的成本，這種農藥現在普遍用於食用的農藝蔬果。

目前人們正極力發展一些其他的方式，來替代農藥的使用：

一、利用化學藥劑誘殺昆蟲

在田間將某些合成之藥劑置於誘蟲器內，吸引部分昆蟲入內並加以毒殺；現有費洛蒙的應用，已達顯著成效。

二、生物防治法

少數昆蟲爲肉食性的，會吃一些草食性的昆蟲，因此可利用天敵的釋放，使有害昆蟲數量在自然界中降低。

三、培育抗病性強的作物

利用育種的方法找出一些抗病性強的作物，加以栽培，降低感染疾病的機會。

四、輪作方法

儘量避免長時間在單位面積內作長時間的單一作物栽培，而採用輪作及休耕的方式以減少大面積的病蟲繁殖。

以上方式，一般來說成本較高，且部分尙屬實驗性的階段，仍需經努力才能達到預期的目標。

第七節　微生物與環保

在生態系中，微生物是分解者，將有機物質分解爲簡單的元素，爲生態系循環中必備的一環，沒有微生物地球將遍地屍骨，我們對微生物該有一些基本的認識。微生物在環境中扮演著分解者的角色，它們能分解生物體，將生物分解爲簡單元素，例如：碳、氧、硫、鐵、錳等元素，使養分可以在不同生物中循環流動。同時，它也幫助我們分解環境中的毒性物質，使被污染的環境能再度被我們利用。但是，它們也產生一些溫室效應的氣體，造成環境破壞。而食品上細菌則被用來製造一些乳製品，如乳酪、優酪乳等。

在環保的範疇中，微生物扮演重要的角色，特別是環境工程，諸如化糞池、廢水處理、養豬場排泄物處理、原油的污染清理等，均與微生物有密切的關係。

一、什麼是微生物？

微生物是一群構造簡單、形體甚小的生物，通常爲單細胞或多細胞、無組織分化的生命體。按照目前一般的分類，可分成五大類，分別爲細菌、眞菌、原生蟲、藻類及病毒等等，以下就針對這五類的微生物的特性及在我們日常生活中所扮演的角色做一些簡單的介紹：

(一)細　菌

細菌是微生物世界中數量和種類最多的族群。細菌缺乏細胞核和胞器，屬於原核生物。有些細菌，如霍亂弧菌、沙門氏桿菌、金黃色葡萄球菌及炭疽桿菌等，一旦進入人體將會使我們生病。但是，部分寄生於我們腸道的細菌如雙叉乳桿菌或乳酸菌，卻能幫助我們維持身體的健康。抗生素則是一種由細菌產生的神奇物質，可以幫助我們對抗細菌，減少疾病的死亡率，而人類現在的壽命遠超過十九世紀所能想像的，都是拜抗生素所賜。

(二)真　菌

眞菌包括黴菌及酵母菌，屬於眞核生物，可能有一個細胞核或多個細胞核。談到眞菌，市場上的菇類（洋菇、木耳）或是麵包上的黴菌均是，這些眞菌在生物界的元素循環中，亦扮演著重要的角色，特別是纖維素或木質素的分解。在醫學上，抗生素——盤尼西林（Penicillin）就是由眞菌培育產生，但有些眞菌卻會產生毒素，使人致死，如黃麴毒素。而某些眞菌的感染，雖然不會致死，卻會使人非常地不舒服，如香港腳。眞菌除了與人的健康有關外，與我們日常的食物生產亦有關聯，比如醬油和味噌的製造即需眞菌的幫忙。

(三)原生蟲

原生蟲是單細胞的眞核生物。近代微生物的研究指出，在食物鏈中，原生蟲以吃細菌維生，所扮演的是一級消費者，在環境中它們可以靠鞭毛、纖毛或僞足來移動。如在廢水處理場中，原生蟲扮演了減少細菌數量的重要角色。它們也幫助反芻動物分解胃內食物。但有些原生蟲會造成下痢，使人痛不欲生。

㈣藻　類

藻類有著固定的細胞壁，因爲它們有葉綠素，可行光合作用，例如：綠藻，因此它們被認爲是類似植物的生物。在食物鏈中，它們是第一級的生產者，沒有它們，我們將面臨嚴重的食物短缺。另一方面，它們也是造成水的腥味或優養化（Eutrophication）的原因。有一些藻類（甲藻）會產生劇毒，對身體造成嚴重的後果。

㈤病　毒

病毒（Virus）的大小比細菌更小，在電子顯微鏡發明以後，才被發現的，構造非常簡單，以蛋白質外鞘包裹著基因遺傳物質，在生物分類上是介於生物與無生物之間。病毒是目前發現最小的微生物，只能活在活的生物體中。雖然它們是如此的微小，一旦它進入宿主的細胞，就會造成莫大的傷害。比如感冒、AIDS、泡疹等都是病毒所造成的疾病，儘管它們對生物有很大的害處，但是，由於它們可以將遺傳物質插入宿主細胞的特性，病毒目前被廣泛用來進行遺傳工程的實驗與利用。

二、微生物的作用

環境中微生物的作用主要是分解者的角色，使自然界中的元素得以順利循環流動。若缺乏微生物的作用，則物質循環流動受阻，生態將失去平衡。微生物亦在人的體內存在，天然存在人體的微生物爲正常菌群（Normal Flora），通常以共生（Commensalism）或互利共生（Mutualism）的方式存在。其功用有：⑴做爲人體清道夫（Scavengers），微生物能幫助分解體內廢物；⑵合成維生素 Bx、E 及 K，例如：一些存在腸道中的細菌；⑶排除致病菌的感染。微生物以生存競爭及產生抑制病菌生長的物質，造成人體內存在的優勢，如此一來可防止寄主受其他致病菌的感染，如陰道中的Lactobacilli，可產生酸性物質而防止淋病球菌（Gonococci）之生長；又如腸道中之大腸桿菌（Escherichia Coli）可生大腸菌素（Colicins），可防止腸道病原菌之生長。

三、微生物肥料

㈠何謂微生物肥料？

微生物在農業上的用途很多，除了用來輔助堆肥及綠肥之製造外，也可直接施用於土壤中，稱爲微生物肥料，其不僅可改善作物根毛吸取養分之有效性，還可補充土壤中有益微生物的數量，使土壤維持在良好的物理環境下，進而提高土壤中的營養成分。它也是一種生物性之土壤改良劑。施用微生物製劑，可改善土壤地力，使土壤恢復良好情況，因此稱爲微生物肥料。

微生物肥料可減少環境污染及土壤的酸化、增進土壤的地力，包括土壤物理、化學及生物性質的改善，這些功效正是永續性農業所不能缺少的要素。微生物肥料的功效多、用量少，其作用與有機肥料不同（有機肥料以增加土壤中的有益微生物群爲主），因此，若能與有機質肥料配合使用，將獲事半功倍之效。有機農業在施用有機肥料時，若無土壤微生物配合，將無法順利達到營養循環及供應充足的營養目的。

目前國內農田長期的使用化學肥料及農藥，許多農田及山坡地缺乏有機質，這些缺乏有機質的土壤，微生物族群必然低落，因此，由現在傳統的農業改變爲有機農業時，微生物肥料的應用就有其必要性，如此方能達到改善土壤及良好的生產目標。各種微生物能在土壤中生存，主要的原因，是拮抗病菌的微生物及根圈上一群保護根系的微生物，它的功能就如人體皮膚毛孔內的一群微生物，能對抗環境中外來有害的微生物侵入，並達到土壤微生物之平衡。

㈡微生物與農業生產之關係

微生物肥料的功能主要有下列三點：

1. 固氮作用

空氣中含有 80%的氮氣，但氣態的氮分子（N_2），植物不能吸收利用，必須經過固氮細菌將空氣中的氮素固定爲氨，再經轉變才能成爲植物利用的氮化合物，供給植物利用。另外土壤中存有一些氨態的氮素，需先由亞硝酸菌和硝酸菌，轉化爲硝酸態氮後，才能供植物吸收。

2. 溶解作用

土壤中存在許多不能利用的營養元素，須靠根系之溶解菌溶解後才能被利用。又當無機磷肥施入土壤中後，易與鋁、鐵、鈣等結合成複合物，既不溶於水又會造成土質硬化，若土壤中含有微生物，就能分泌有機酸，提高磷肥的可溶性，供植物吸收。

3. 增進根系的吸收及生長

豆科植物的根，有些微生物會侵入根部組織中，在根部細胞間繁殖，這類微生物稱爲「根瘤菌」，它們能與根部細胞共生，固定空氣中的氮素爲植物吸收，促進根部活力，進而使植物健康生長、增強抗病力，並提高生產量。

除上述作為肥料之功用外，微生物對農業生產的功用尚有以下幾點：

⑴造肥作用：大分子的有機物需要微生物將其分解為植物可吸收的單元體，微生物所分泌的有機養分或代謝產物，可供植物吸收利用，甚至繁殖後的微生物殘體也是養分來源。

⑵解毒作用：部分土壤中厭氧性菌或有機物發酵時會產生一些有害氣體（例如：硫化氫、氨氣等），這些氣體會溶於水中並與根部接觸，容易毒害根部組織，使根系腐爛，造成各種病害。但是光合成菌，可將其轉變為硫酸根再與氨結合為硫酸氨，亞硝酸菌可將氨氣轉化為亞硝酸態氮，而硝酸菌將之氧化為硝酸態氮，成為植物可吸收的氮肥。

⑶增進肥效：施用有機質肥料時，其肥分經過微生物分解釋出，可以穩定、平衡、緩和地供給植物養分，且養分隨時產生，其鮮效性與持續性更強。

⑷病蟲害防除：微生物在土壤中為了確保自己生存的環境，微生物會分泌一些對其他微生物之生存具有抑制作用的物質，稱為拮抗作用。因此，若土壤中含有足夠的這種拮抗微生物時，則存在於土壤中的病原菌會減少，連帶著植物體中的病原菌亦可減少，也就能防止植物病害的發生。

⑸防止土壤及營養流失：有些土壤微生物，可大量分泌多醣類或聚合有機物，增加土壤有機質，有助水分的滲入，增加土壤團粒的穩定，防止土壤流失。另外，微生物本身可抑制硝化菌，將有機氮轉變成為硝態氮，減少氮藉由硝酸態（NO_3）被水沖洗而消失，或藉由厭氧微生物脫氮，造成揮發的損失。

⑹雜草防治：利用微生物產生之某些毒物，可以抑制雜草之生長。

四、微生物與體內環保

自從國人的生活習慣日益西化後，飲食的型態由低脂肪、高醣類、高纖維，轉變爲高脂肪、高蛋白、低纖維，造成腸內菌叢的生態受到嚴重扭曲，再加上國人濫用抗生素的結果，使得國人腸內的有益菌不再占優勢。原本腸內有益菌，可以使人體的腸道維持健康狀態，間接的使人體保持健康年輕。不過，當有益菌減少，有害菌增加時，其分泌的有毒物質會造成人體腸道內的環境逐漸老化，短期內身體出現皮膚老化、精神不佳、疲勞等症狀；長期則有毒物質會直接造成腸道細胞的死亡或突變，最後，形成可怕的惡性腫瘤。因此，想要有健康的身體，就必須做好體內環保，而環保的方法就是提高腸內有益菌的含量。

腸內的有益菌，最熟悉的是 A、B 菌。A 菌爲嗜酸性乳酸菌（Lactobacillacidophilus），長駐於小腸。B 菌爲比菲德氏菌（Bifidus）（雙叉桿菌），長駐於大腸。

(一)健康食品——優酪乳（yogurt）

1. 優酪乳：由土耳其語 jogurt 演變而來。
2. 聯合國糧農組織與世界衛生組織的定義：由添加或不添加奶粉之牛奶，以嗜熱鏈球菌（Streptococuss Thermophilus）與保加利亞乳酸桿菌（Lacto Bacillusbul Garicus）爲菌源，混合培養發酵而成的一種凝乳狀製品。成品中含有豐富的乳酸活菌。

(二)優酪乳依成分、製作方式和口味分類

1. 硬質優酪乳：將原料混合、填充包裝再發酵，呈固體狀，國內產品多添加食用膠。

2.軟質優酪乳：將凝結優酪乳攪拌後呈濃稠凝狀，常見添加物有果粒，以湯匙食用。

3.液狀優酪乳：比軟質更稀，是目前台灣民眾較能接受的優酪乳，依調味不同可分：

(1)原味：有時加少許糖以遮蓋酸味。

(2)水果型：添加果汁、果醬或果實。

(3)調味：以合成的風味，蓋過國人較不適應的酸味（如草莓、蘋果等）。

4.冷凍優酪乳：外觀像冰淇淋，是歐美流行的健康食品。

5.乳酸飲料：屬稀釋發酵飲料，僅含少許奶的成分但糖分偏高，多數均有調味。

㈢優酪乳的主角——乳酸菌

乳酸菌：一群可以利用碳水化合物進行發酵，產生乳酸的細菌之總稱。廣泛存在於乳製品、蔬菜、發酵食品（肉類、蔬菜、麵包）、人或動物的腸道及黏膜。

㈣乳酸菌對人體健康的貢獻

1.增進食品的營養價值

(1)乳酸菌本身含有多量半胱氨酸（Cysteine）、穀胱甘肽（Glutathione）、甲硫氨酸（Methionine）及維生素 B_2。

(2)抑制腸內維生素 B_1分解菌的作用，可預防腳氣病。

(3)乳酸會製造腸道酸性環境，有利鈣與鐵的吸收。

2. 抑制腸道內病原菌的生長

(1)分泌乳糖酵素，加速乳糖分解，產生乳酸，造成 pH 降低並抑制腸道中有害菌的生長。
(2)乳酸菌可產生抗生素及過氧化氫，有殺菌及抑菌效果。

3. 提高乳酸的利用率

(1)乳酸菌可分泌乳糖酵素，加速乳糖分解。
(2)乳糖→乳酸→丙酮酸→克列伯循環→能量。
(3)減緩乳糖血症。

4. 降低膽固醇

很多研究報告證實常喝優酪乳，具有降低膽固醇效果，但作用機制仍未定論。

5. 乳酸菌可以抗癌

研究報告指出乳酸菌具有抗誘變性，能防止正常細胞轉變成癌細胞。

6. 整腸作用

(1)改善通便：由抗生素引起的腹瀉，食用乳酸桿菌 7～10 天，即可治癒及防止再發生；可改善高齡者的便秘，適合納入老人食物療法中。
(2)清理腸內腐敗物質：能降低副甲酚、糞臭素等腐敗物質。

7. 免疫活化作用

能活化免疫工作的巨噬細胞，因此，在防止消化器官感染疾病和抑制癌細胞方面具有活化免疫的功能。

㈤喝優酪乳的一些注意事項

1. 糖尿病人最好喝原味的。
2. 血脂肪高或想減重的人，最好喝低脂或脫脂的產品。
3. 腎臟病患者不宜多吃。
4. 建議飲用量每天約 200cc，多喝無益。
5. 優酪乳會促使腸中的菌加倍，加強對亞硝酸氨的吸收，會增加致癌的危險，故應避免與香腸、火腿等共食。
6. 優酪乳是活菌，故需冷藏保存。室溫保存的「保久型」優酪乳，因經滅菌處理，不具活性乳酸菌的生理功效。
7. 乳酸菌在腸道內只能短時間存活，須持續飲用，才能維持功效。

問■題■與■討■論

1. 台灣現有的農業措施對生態有何影響？
2. 種菜不用農藥會有何結果？
3. 農藥是否會進入我們的自來水中？
4. 指出微生物與農業生產的關係？
5. 指出使用微生物肥料的重要性至少四點？
6. 指出飲用優酪乳應注意事項？
7. 解釋優酪乳與體內環保的關係？
8. 說出乳酸菌在人體健康的貢獻至少六點

第6章

能源問題

第一節　能源之來源與種類

十九世紀中葉以前，人們所使用之能源主要爲木材，其主要的用途也僅限於炊煮食物。自工業革命以後，需將大體積的機械推動，而逐漸大量開發使用煤、石油及天然氣，這些物質爲數百萬年前的植物經由造山運動，被埋入地下深處，經由高溫高壓的作用，形成今日所呈現黑色的固體、液體及氣體的石化燃料。

這些石化燃料經由百年來的探勘及開挖，產量逐漸提高，但相對的資源也逐漸減少。就煤而言，可謂目前最便宜、蘊藏量最豐的燃料，預計還可使用 200 年，亦是能源轉變過程中最經濟的原料。石油的藏量預估可再使用 50 年，由於交通工具愈多，消耗量也就大增，但用於發電則成本過高。天然氣產量不大，成本亦不算便宜，況且有攜帶上的問題。不少國家地區把上述的能源轉換成電力再加以使用。

由於上述的石化能源逐漸減少，或是必須消耗成本去購買，因而現今有不少國家開始研究使用一些再生性能源，亦即可在自然界重複再生，諸如太陽光、風、潮汐、水力及生質能（垃圾焚化及沼氣）等等，這些能源的利用均尙在研發階段。另有不少國家大量使用核能來發電，目前國內的能源供應主要還是以石化燃料占大部分，約爲 84%，其餘則爲水力及核能。因此，能源的分類可分初級能源與次級能源，初級能源又可區分爲可更新能源（再生性）與不可更新能源（圖 6-1）。

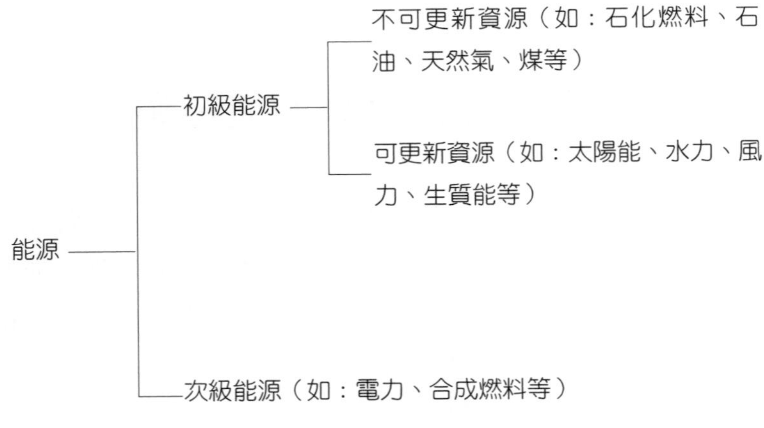

圖 6-1　能源的分類

第二節　能源之使用與污染

在北美、歐洲和其他已開發國家，人類族群的成長率已大致穩定，每個人的能源消耗量也不再大幅增加，但是這些國家的能源消耗水準已經很高了，例如：美國在 1980 年代石化燃料的消耗仍占能源消耗的百分之九十。

煤及石油爲較易取得之能源，在燃燒過程當中，不可避免地會產生大量廢氣，因而污染了空氣，燃煤發電廠更會產生大量飛灰，因而對環境造成不利的影響。有鑑於此，先進國家爲了防止大都市內各能源用戶直接燒煤而導致全城的污染，因此均在城市之外，將煤及油轉換成清潔的電力及天然煤氣供使用。核能亦由於不能直接利用，必須轉變成電力才能加以使用；其他再生性能源亦常轉變成電力才再加以使用。

目前使用最大量的煤及石油在燃燒過程中，也會排放硫氧化物、塵粒、二氧化碳及微粒重金屬，其中大量的二氧化碳，在空氣中累積的結果，也有可能藉由溫室效應，而產生全球性的氣候變遷。還有二氧化硫及氧化氮類，亦會造成酸雨，嚴重地影響了漁獲、森林及農作物生產，並使許多建築物被腐蝕，也污染了水源及土地。

大型的發電廠，每當用某種能源轉變爲電力的能源時，那就無可避免地產生機械散熱問題，進而使周遭的海水、湖泊、土壤以及空氣溫度增高。由此看來，今日的文明使用了大量的能源，對環境境也造成了額外的負荷與破壞。

第三節　再生性（可更新）能源

石化燃料在可預見的未來會消耗殆盡。至於工業廢熱的回收與再利用，前途亦看好，不過這也並不表示能源短絀因此可以迎刃而解。目前在新能源的開發上朝向「再生性能源」，這類能源均在研發階段：

一、水　力

藉由水庫的蓄水，從高處將水在調節性的情況下排放到下游的發電機組中以產生電力，這種發電量完全依蓄水功能而定。

二、風　力

目前推行最好的是在美國加州山區的八千座風車，其發電量僅占加州用電的1%，但卻爲全世界風力發電的83%，每一座風車的維護亦是問題。

三、太陽能

在美國早年研究利用大量凹面鏡排置於沙漠上，利用太陽光聚焦將水加熱而發電，但成效不佳。目前國際較流行利用太陽光吸熱板將水加溫的小型機組。太陽能的優點為，太陽能的能源豐富、隨處可取得，不需要運輸、無污染、無變量性（對地球不增加熱載荷）、安全性高等等；但也有一些缺點，包括造價太高以及使用受限，如氣候、晝夜的影響。太陽能的實際應用有太陽能熱水器（圖 6-2）、焙茶機、太陽能汽車等。

圖 6-2　太陽能熱水器（藍瑞月提供）

四、生質能

利用大型垃圾焚化爐的熱，將水加熱產生電力，但發電量均不大。另有將豬糞發酵產生之沼氣，加以燃燒利用。

此外，潮汐、溫差及地熱等均在研究之階段，部分經實驗證實，許多再生性能源未必眞正具有開發價值。

第四節　核能及其優缺點

自二次世界大戰以後，對核能的樂觀取代了恐懼，核能被宣揚成進步的象徵；尤其是在一些缺乏能源的工業化國家，還極度依賴核能。然而大多數國家在其花費、效率、環境破壞及安全性等多方面的考量，也受各方面的質疑。

核能發電廠所使用的原料具有放射性，如鈾等。其賴以發電的方式乃是在反應器內的放射性物質，於核分裂過程中釋放出大量的能源來進行熱交換。這些放射性物質由於具有高度的危險性，因此必須絕對嚴格禁止逸散到冷卻水體或一般空氣當中。

有關核電的安全性始終備受爭議，因此各先進國家對核電廠的採用態度也經常隨時間而改變，如法國的核能電廠的發電占全國電力來源的75%。在電廠不發生故障、漏裂或重大意外的前提下，核電廠的發電過程要比火力發電的污染，較爲優越。但其機組所產生的熱，會對冷卻時所使用的海水及湖泊造成生態上的改變。

大家最關心的還是核電廠的安全性，在正常運轉的情況下所逸出的輻射線很少，而且亦不會排放二氧化碳進入大氣中，但是所產生的核廢料的處理及儲存一直爲人們所批評。按理來說這些設施應遠離自然生態區及遠離人類生存的環境，但既然地球本身是一個封閉的星球，又叫這些設施及廢物如何遠離生態環境？1979 年於美國三浬島及 1986 年於蘇俄車諾比分別發生核電廠意外，尤其後者造成不少輻射線外洩，進入了大氣，歐洲地區的人們至今仍關心事件後的長期影響。至於這些核廢料如何作長期的儲存亦是值得擔憂的，有些廢料至少需隔離儲存上萬年！

此外，核廢料的處理，在世界各國的認知及科技不斷的改進下，總希望儘可能能把物質加工處理後，再加以利用；眞正不能回收的廢料，均加以妥善的掩埋。俄國車諾比核電廠在災變以後，造成大量的放射性元素外洩，導致數百公里外的人及環境均受到污染，其污染的程度，最明顯的便是有上千人罹患敗血病及淋巴腺出現問題，這些都是人類歷史上未發生過的問題。

第五節　能源的危機與節約

一、能源的危機

由於全球人口不斷的增加，家庭與工業對能源的需求與利用，大幅增加，耗竭了許多能源，如石油、煤等。地球上的上述能源（不能再生性資源）是有限的，有些科學家估算，全球石油僅能再使用 50 年左右，雖然這僅是一種估算，並不能很精確代表石油的實際蘊藏量，但是，無疑的是一種警訊，能源的危機與短缺，是人類將面對的嚴肅問題。

二、能源危機解決方法

㈠開發新的能源

開發利用新的再生性（可更新）能源，如水力、風力、太陽能等能源，以取代污染性的石化能源。將能源多元化，以增強能源的安全保障及永續發展。

㈡提高使用能源的效率

增加使用能源的效率。例如：購買高效能家電器具，可節約能源的消耗並可節約金錢。工業界亦可以藉由汽電共生設備，提高能源使用效率。

㈢節約能源

節約能源是地球永續經營的方法之一，對環境的衝擊也最小。工商業界可以利用電腦系統管理照明、空調溫度、自動關燈設備等措施以節約能源。個人與家庭也須要節約能源，減少不必要的能源浪費。

問．題．與．討．論

1. 萬一停止供給能源，會有何後果？
2. 你對核電廠興建，正反面的看法為何？
3. 如果今日無法不用電力，而傳統的石化燃料又供給不足，該怎麼辦？
4. 居家生活節約能源的方法有哪些？
5. 燃燒石化燃料對環境的衝擊有哪些？
6. 舉例說明提高能源效率的方法？

第 7 章

空氣污染

小學四年級結束之後，我們一家人從高雄市靠近市中心的新興區，搬到邊陲的前鎮區，那是工廠多、住宅少的郊區。三不五時，就會聞到空氣中飄來一股令人難以忍受的薄霧。通常在晚上七、八點時出現，嚴重時甚至可以看見帶著顏色的濃霧，令人眼睛刺痛、咳嗽不止，肺部也被刺激得胸脹、胸痛。那個時代，並沒有什麼抗爭或抗議的風潮。大人說，這是硫酸錏公司飄來的臭氣，好大一片區域就這樣不時的籠罩在這不明的惡劣氣體之中，往往持續一個小時以上才會慢慢散去。那時，大家也不認識什麼叫做「空氣污染」。濃霧出現時，嗆得每個人都跑到屋子外面邊咳邊流眼淚。有一次，把毛巾打溼了，摀在眼睛和鼻子上，久久再把眼睛打開一下，但不能不呼吸啊！

這就是我童年記憶中和「空氣污染」有關的第一印象。

第一節　大　氣

大氣中影響地球氣候及生物的主要兩個自然現象，一是溫室效應，一是臭氧的屏障。溫室效應是指對流層中所含的氣體可以保持地球的溫度，而平流層中的臭氧分子則可過濾陽光中大部分的紫外線；這兩個自然現象都可以保護地球上的生物。然而今天人類的活動頻繁，釋放過多的廢棄氣體至大氣，使得全球氣溫暖化，並減少平流層中的臭氧分子，造成臭氧層稀薄。

石油及燃煤是地球上用完就沒有的石化燃料，而我們使用這些燃料，又砍伐森林，使二氧化碳在大氣中的含量，比自然含二氧化碳量增加了四分之一。人類干預大自然碳的循環，造成全球暖化，改變全球氣候和糧食的生產區域。此外，我們也在城市區製造許多熱氣流及煙塵，改變了大自然的能量流轉。

人類燃燒石化燃料及使用氮肥，使大自然的氮循環多加了三倍的氮氧化合物（NO、NO_2及N_2O）和氣體氨（NH_3）到對流層中。在對流層的這些氮氧化合物，轉變爲硝酸（HNO_3）的水滴和具酸性的硝酸鹽類，溶解在水中，降到地面，增加土壤、溪流、湖泊的酸度，傷害植物和動物的生命。

同樣的，因燃燒煤炭和石油，我們釋放的二氧化硫（SO_2）是大自然硫的循環中的兩倍。大部分的二氧化硫轉化成硫酸（H_2SO_4）和硫酸鹽，以酸雨的形式回到地球表面。

我們也釋放其他一些化學物質到大氣中，例如：有毒的砷、鎘、鉛等。科學家估計我們製造的砷是自然界砷循環的兩倍，鎘七倍，鉛十七倍。這些量還是人類所製造多種化學物中的少數，這種種都干擾了大自然原來的運作。

第二節　空氣污染的來源

一、都市戶外煙塵

所謂空氣污染是大氣中一種或多種化學物質，其產生的量，或存在的期間，會造成對人類及其他生物或物質之傷害。當清潔的空氣流過地球表面時，它會蒐集自然活動（塵暴、火山爆發）及人類活動（車輛及工廠煙囪排放廢氣）所產生的粒子，這些潛在的污染物，稱爲初級污染物（Primary Pollutants）。在對流層中，初級污染物在氣流中上下或水平散播、稀釋。有些初級污染物在對流層中彼此互相作用、或與空氣中的成分作用，而形成新的污染物，稱爲次級污染物（Secondary Pollutants）（如圖 7-1、圖 7-2、圖 7-3、圖 7-4）。

圖 7-1　工廠煙霧

圖 7-2　燃燒稻草

圖 7-3　野地燃燒

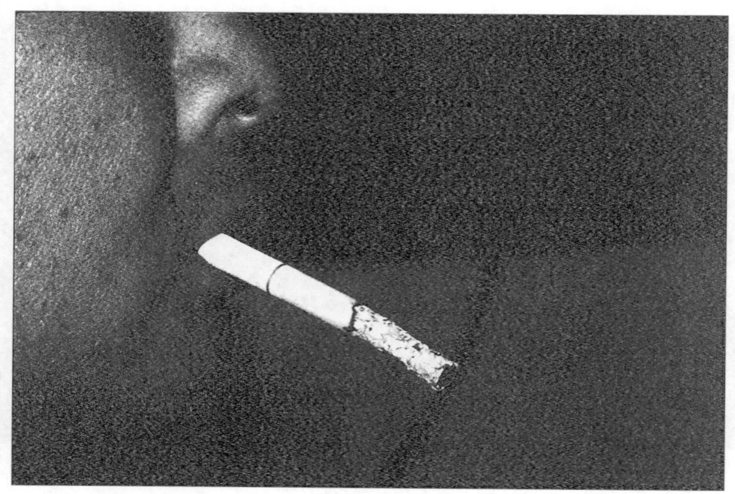

圖 7-4　二手煙

二、光化學煙霧——褐煙霧

任何由光所激發的化學反應稱做光化學反應。

空氣污染中的光化學煙霧是指，因陽光的影響而形成的初級污染物和次級污染物的混合物。當初級污染物（許多是來自車輛的氮氧化合物，和自然及人爲產生的碳氫化合物）在陽光的影響之下，交互作用，形成 100 種以上的次級污染物的混合物（例如：臭氧O_3，甲醛CH_2O，硝酸HNO_3，會引起流淚的過氧氮化物，或稱 PANs）。

天氣愈熱，臭氧和其他光化學煙霧的成分濃度愈高，從上午開始，車輛逐漸增加，一氧化氮（NO）、二氧化氮（NO_2），和未燃燒的碳氫化合物濃度上升，並且在陽光的照射下交互作用，產生光化學煙霧。在晴天，下午之前，光化學煙霧就已累積至高峰，刺激人們的眼睛和呼吸道。

所有的現代化都市都有光化學煙霧的問題，尤其是在晴朗、溫暖乾燥的氣候，和大量的車輛之中，更形嚴重。台北因爲是盆地，煙霧集中在盆地的上空，不易散去，空氣污染益形明顯。

三、工廠煙霧——灰煙霧

三十年前，倫敦和溫帶其他大都市中的發電廠、工廠和家庭暖氣燃燒許多煤炭和重油（含有不純的硫化物）。冬天來臨時，住在這些大都市的人就暴露在由二氧化硫、硫酸的懸浮水滴（由二氧化硫所形成）及許多固態、液態的懸浮分子組成的二度工廠煙霧之中。

今天，在已開發國家的都市中，工廠煙霧已經很少製造污染了，因爲煤炭和重油只有在污染管制良好的大鍋爐裡燃燒，或者使用非常高的煙囪。然而在開發中國家，如中國、印度、烏克蘭和某些東歐國家，仍然使用煤炭和重油，而且沒有做污染防治，所以工廠煙霧在這些地區仍然是空氣污染的主要來源。

四、影響光化學煙霧和工廠煙霧形成的因素

局部氣候、地形、人口密度、工廠的多寡、工廠加熱、交通工具所使用的燃料的種類，都會影響這個地區煙霧產生的頻率和嚴重度。在年平均降雨量高的地區，雨或雪會清除空氣中的污染物，而風吹走污染物，帶來新鮮的空氣，但這些污染物也會吹到下風的地區。

山脈阻擋山谷中的氣流，使山谷中的污染物逐漸增加。城市中的高樓減緩風速，使得污染物稀釋和移除的速度減緩。

白天的時候，太陽使地面的空氣變暖，通常，地表的熱空氣膨脹、上升，將下層的污染物帶到高處的對流層。較冷、較重的空氣由周圍高壓的地區沈降到暖空氣上升之後產生的低壓地區。空氣交流，使地表的污染物不至累積到危險的濃度。

然而，有時候下層較重、較冷的空氣會被都市盆地或山谷中上層較輕、較暖的空氣包圍，形成逆溫現象（Temperature Inversion或Thermal Inversion）。上層較暖和的空氣溫度的變化，在較冷的空氣之上，阻止上升氣流的形成（上升氣流可以驅散並稀釋污染物）。

這種逆溫現象通常持續幾個小時，但有時候高壓氣團籠罩整個地區，這種現象就會持續好幾天，使得地面的污染物累積到危險甚至致命的濃度。

一個有數百萬人民和許多車輛的都市，天氣晴朗，微風吹拂，山圍繞三面，另一面是海洋，這是持續逆溫現象加重光化學煙霧的理想狀態。這也是加州洛杉磯盆地的寫照。在這盆地中有1,400萬人口，2,300

萬輛車，成千的工廠，全年中有半年呈現逆溫現象。雖然洛杉磯有全球最嚴格的空氣污染管制方案，但它仍是全美的空氣污染之冠。其他全球大都市也常有逆溫現象，如丹佛、墨西哥市、里約熱內盧、聖保羅、北京、上海、台北等等。

五、酸沈降

爲了減少部分地區的空氣污染（也爲了達到政府規定的排放標準，而不必增添昂貴的空氣污染管制裝備），很多開發中國家燃燒煤炭的發電廠、煉礦場和其他工廠特別加高煙囪來排放二氧化硫、懸浮粒子、氮氧化物到較高的空中，1960 年到 1970 年間，很多工廠這樣操作之後，下風處的污染就增加了。

這種稀釋的方法可以在工廠所在的地方減少空氣污染，但在下風的地區就倒霉了。這些污染物往上飄，但它遲早會往下降，這並不是故意以鄰爲壑，但就是會危害鄰居。當初級污染物，如二氧化硫和氮氧化合物，被風吹到 1,000 公里之遠的地方，初級污染物形成次級污染物，例如：硝酸蒸氣、硫酸的小水滴和硫化物、氮化物的酸性微粒。在水中，則形成氫離子H^+，或氫氧根離子 OH^-。

這些化合物以兩種形式降落至地面：溼沈降（如酸雨、雪霧、雲的水氣）、乾沈降（如酸性微粒）。形成的混合物就稱作酸沈降（Acid Deposition），一般稱酸雨，但稱酸沈降較好。因爲酸性物質不但以雨降到地面，也會以氣體和固體形式降下。

水中物質的酸性，通常以 pH 值來表示。溶液的 pH 值如果小於 7 表示呈酸性，大於 7 表示呈鹼性。天然的雨成弱酸性，pH 值在 5.0～5.6 之間。然而因爲酸沈降，有些地區下的雨其酸性是自然雨的 10 倍，pH 值已達 4 了，更有 100 倍於自然雨的酸雨，pH 值是 3，這已相當於醋的酸度。有些城市或山頂的霧，像檸檬汁一樣酸，pH值是2.3，這大約是自然降雨酸度的1,000倍。

酸沈降是一個地區性的問題，不是全球性的，因爲酸性化合物只在大氣中存留數天。但是，酸沈降在燃燒煤炭的發電廠、冶礦場、工廠及大都市區的下風區仍然是很嚴重的問題。其對鄰近湖泊或池水的植被，和水中生物所造成的影響，則視其土壤是呈酸性或鹼性而定。

有些地區，土壤含有夠多的鈣離子Ca^{2+}和鎂離子Mg^{2+}，依附在土壤礦物質的負離子上，這些正離子可以中和酸性離子。生態系統中受酸沈降危害最烈的是薄的酸性土壤，其中缺乏可以中和酸性物質的鹼性離子，這可能是因爲這些土壤的中和能力已經被世世代代的酸沈降所耗竭。

許多由發電廠、工廠、冶礦場和車輛所產生的酸性化合物會飄向另外一個國家。例如：挪威、瑞士、奧地利、瑞典、荷蘭、芬蘭所產生四分之三的酸沈降，是由西歐工業化的國家（英、德）和東歐飄過來的。

在中國，酸沈降也漸趨嚴重，40%的土地都有酸沈降的問題。前蘇聯的一部分、印度、奈及利亞、巴西、委內瑞拉、哥倫比亞等國家也有同樣的問題。在中國的重慶，酸雨的pH值大約是3，相當於醋的酸度。

不需要太久，從開發中國家所釋放的氮氧化物和二氧化碳就會超過已開發國家，爲更廣大的區域帶來酸沈降，特別是對酸性敏感的土壤造成更大的傷害。

六、酸沈降的影響

危機評估專家將酸沈降列爲中度危險的生態危機，但對人體健康而言則是高度危險，當 pH 值在陸地生態系統降到 5.1 以下，在水中生態系降到 5.5 以下就會造成生態系的危險。酸沈降會引起人們的支氣管炎和氣喘（氣喘會引起中年死亡），並且使雕像受損，建築物、金屬、車子提早報銷。

酸沈降和其他空氣污染物（如臭氧），會直接傷害樹木的葉子，但最嚴重的影響是使得樹木脆弱而無法抵抗其他傷害。受酸雨為害最烈的是山頂的樹林，那裡通常只有薄層土壤，而且沒有中和酸性的物質存在。在山頂上的樹，尤其是針葉林，如赤松（red spruce）是常綠喬木，它的葉子經年都浸泡在酸性的雲霧之中。這種雲霧環繞，濕氣很重的環境會促進偏好酸性的苔蘚生長，苔蘚殺死針葉林根部生長的根瘤菌，使得針葉林的養分攝取受阻。

酸沈降和其他空氣污染物（特別是臭氧）的混合，使得樹木更形脆弱，無法承受低溫、疾病、昆蟲、乾旱和根瘤菌（受敵害而存留下來的）減少所造成的養分不足。雖然樹木受傷或死亡的原因可能是苔蘚蔓生、蟲害、疫病、缺乏植物營養，但其背後最重要的原因是長期暴露在酸性空氣污染物和酸性的土壤中。

酸沈降使土壤失去鈣和鎂離子，同時從土壤礦物的表面釋放鋁離子，水溶性的離子就會傷害樹木的根部。沖刷到湖裡去的時候，鋁離子刺激魚類產生過多的黏液，塞住魚鰓，使魚類死亡。

過多的酸在有些湖泊中產生甲基汞（CH_3Hg），污染魚類。湖泊中酸度的增加使湖泊底部沈積層中度毒性的無機汞化物轉變成高毒性的甲基汞。甲基汞可以溶解在動物的脂肪組織中，而且可以在食物鏈和食物網中累積濃度。雖然酸性物質沖刷到溪流和湖泊中被認定為低度危險的生態問題，但如何減少酸沈降呢？最好的方法就是預防：

㈠有效使用能源，就可以減少能源的使用，也因此減少空氣污染。

㈡不用煤炭而用天然氣和可更新的能源。

㈢在燃燒煤炭之前先去除煤炭中所含的硫。

㈣使用含少量硫的煤炭。

(五)從煙囪所排放的廢氣裡去除二氧化硫、微粒和氮氧化合物。

(六)從車輛排放的廢氣中除去氮氧化合物。

(七)減少罪魁禍首煤炭的使用，但這有經濟上和政治上的困難度，例如：中國（世界上煤炭最大的使用者）。使用自己國內的煤炭，加速其工業化，然而污染防治卻未被重視。

事後的清除作業既昂貴又無效，不能治根。已酸化的湖泊及湖岸可以大量的石灰或石灰石來中和，然而使用石灰是非常貴的，而且也只能暫時中止酸化，必須每年重複的使用，所費不貲。使用石灰會殺死湖中各式的浮游生物和水中植物，也傷害需要酸性環境的濕地植物。究竟需要施放多少石灰也很難計量，此外還需考慮施放的地點，比如水裡或河岸邊。有研究指出，石灰增加微生物的族群，奪取緩慢腐化的腐植土中的碳，降低木材中的產量。另有英國的研究指出，少量的磷肥可以中和湖泊中的酸性。

七、室內的空氣污染

如果你現在是在室內讀這本書的話，你每次呼吸所吸入的空氣污染物，可能比在戶外更多。根據美國環保署的研究，在美國 11 種常見的污染物，在家庭及商業建築中所測得的濃度，室內比室外高出2～5倍，在某些場合更高達 70 倍。

人們暴露在這些化合物中，健康方面所受的威脅的確加倍可慮，因爲人們有 70～98%的時間待在室內。室內污染物對人類健康危害最烈，尤其對高風險群，包括吸食大麻者、嬰兒、五歲以下的幼兒、老人、病人、懷孕的婦女、呼吸器官或心臟有病的人及工人。

研究發現：建築物內的污染物會引起暈眩、頭痛、咳嗽、噴嚏、噁心、眼睛灼熱、慢性衰竭、類似感冒的症狀，這些統稱爲大樓症候群

（Sick Building Syndrome）。如果建築物裡面 20%的人有這些症狀，然而一走出戶外就痊癒的話，這幢建築物就是會使人生病的大樓。

新的建築物比舊的建築物更容易引起這些病徵，因爲新的建築物爲了節約能源，更少使空氣流通，而且新的地毯和家具會釋放出許多化合物。根據環保署的資料，美國境內四百萬商業用建築至少有 17%會致病（包括環保署的辦公室），估計每年由於員工請假、生產力降低和恢復健康所花費的金錢約美金一千億元。

1994 年康乃爾大學的研究指出，建築物內致病的元凶可能是由天花板所掉落或經由空氣調節器等管道吹入的礦物質纖維。這個研究指出，必須在電腦前面長時間工作的人，比不必長時間坐在電腦前的人更容易生病。這是由於電腦螢幕產生的靜電，會吸附纖維，所以坐在電腦前面的人就暴露在這些纖維之下。

吸煙、甲醛、石綿、放射性氡-222 是最危險的四種室內污染物。很多以動物進行實驗的研究也發現玻璃纖維是一種廣泛、具潛在致癌危險的室內污染物。

使最多人生病的化學物質是甲醛，它是一種刺激性很強的氣體，有兩千萬美國人受其所害而有慢性呼吸系統的問題，包括暈眩、出疹子、喉嚨痛、鼻竇炎、眼睛刺痛、噁心。一般建築材料，如合板、嵌板或家具、窗帘、簾幕、地毯、壁紙的黏著劑都會慢慢的、長期的釋放出甲醛，引起住在其中的人不舒服。美國環保署估計，美國人每五千人中就有一個人住在這種產物的屋子裡，而若暴露在甲醛之中，十年以上將可能致癌。

在開發中國家，燃燒木材、動物糞便、稻草，以及在空曠的地方或在通風不良的地方煮食、取暖，都會使得婦女和孩童特別容易受到微粒分子的污染。所以在多數開發中國家的窮人中，呼吸器官的疾病非常普遍，也常因而致死。

第三節　空氣污染對生物和物質的影響

一、空氣污染物對人類健康的影響

我們的呼吸系統有很多的保護裝置，保護我們不受污染之害。例如：鼻子裡有鼻毛，可以過濾掉大部分的分子。上呼吸道有黏液可以捕捉比較小的分子（然而不是所有的分子都能捉住），也可以溶解一些氣體污染物。污染物刺激呼吸道時，打噴嚏和咳嗽可以把污染的空氣和黏液排出去。我們的上呼吸道內襯有成千上萬微小、覆有黏液的纖毛（cilia），不停的前後擺動，把黏液和污染送到喉嚨（可以嚥下或吐掉）。

長年抽煙和暴露在空氣污染之中，會使得我們的天然防禦系統過勞，甚至崩解，引起呼吸系統疾病。例如：⑴肺癌；⑵氣喘（通常是一種過敏反應，引起支氣管肌肉的突然收縮，造成急促的喘氣）；⑶慢性支氣管炎（支氣管和小支氣管內襯細胞持續的發炎、受傷，使黏液堆積，痛苦的咳嗽、喘氣）；⑷肺氣腫（肺泡永久性的傷害，呼氣氣囊不正常的擴張，肺失去了彈性、喘氣）。老人、嬰兒、孕婦、心臟病患者、氣喘病或其他呼吸系統疾病患者對空氣污染特別敏感、脆弱。

對流層中 90%的一氧化碳（CO）——一種無色、無臭，卻有毒性的氣體，是自然過程產物。大多數一氧化碳是來自於對流層上方甲烷（大多是濕地、泥碳地、沼澤中有機物質無氧腐爛而釋出）和氧的相互作用。對流層空氣的流動，將一氧化碳稀釋，所以並不會累積到有害的濃度。

然而對流層中剩餘的 10%的一氧化碳，會和大氣層中燃燒不完全所產生的化合物（主要是石化燃料）所產生的一氧化碳相加。抽煙製造的一氧化碳最多，其他如車輛、煤油爐、燃燒木材的爐子、壁爐，有瑕疵的加熱系統，也都會釋出一氧化碳。

一氧化碳和紅血球裡的血紅素結合，降低血液運輸氧氣的能力，使得知覺、思考受阻，反應減慢，引起頭痛、昏睡、暈眩、噁心。對有心臟病的人而言，一氧化碳會引發心臟痲痺、狹心症。一氧化碳也使嬰兒、幼兒發育受阻，使慢性支氣管炎、肺氣腫和貧血病情加重。在高濃度的一氧化碳之下，會引起衰竭、昏迷、腦細胞的永久傷害，甚至死亡。

吸入懸浮的微粒，會使支氣管炎和氣喘惡化。長期暴露在污染空氣的微粒中，會導致慢性呼吸系統疾病，甚至癌症。肉眼不能見之微粒，尤其是直徑小於 10 微米（1 微米 $=10^{-6}$ 公尺）的粉末（Fine Particles），或直徑小於 2.5 微米的粉塵（Ultra Fine Particles）更是危險。這些微小的粉末是由焚化爐、車輛、輻射狀輪胎、風化、木材爐子、發電廠、工廠等排放出來的。

這種極小的粉塵，比人類的頭髮還細，並不會被現代流行的空氣污染防治設備所捕捉，還能輕易的穿過呼吸系統的天然防禦線。這些粉塵往往在表面附有一些有毒或致癌的液態水滴或粒子。一旦它們進入肺裡，這些微塵、粉塵造成慢性的刺激，引致氣喘，加重肺部的疾病，甚至導致肺癌，干擾血液攜帶氧氣及排除二氧化碳的功能。它們也會影響心臟功能，增加心臟病致死的危險。

近期的研究發現，在美國的城市，空氣污染中的微粒和粉塵，使得每年有 65,000～105,000 人中年死亡。除去吸煙引起心臟、呼吸系統的疾病之外，研究者發現，在美國城市裡，含粉塵量（小於 2.5 微米）高的城市，其肺病和心臟病的死亡率也最高。直至今天，粉塵不致病的最低濃度尚屬未知。

大部分開發中國家的粉塵污染是比較嚴重的，在這些國家的都市裡空氣品質都已相當惡化了。世界銀行（World Bank）估計，如果全球各國的粉塵控制在世界衛生組織（WHO）設定的濃度下，每年可以拯救360,000～700,000人免於中年死亡。

二氧化硫使健康的人呼吸系統收縮，使患有氣喘的人更形嚴重。長期暴露在二氧化硫中使人產生類似支氣管炎的症狀。二氧化硫和懸浮的顆粒作用，形成毒性更強的酸性硫酸鹽顆粒，進入肺部的程度比二氧化硫更深，而且停留的時間更久。根據世界衛生組織的統計，至少有六億兩千五百萬人暴露在對人體有害、來自燃燒石化燃料而產生的二氧化硫中。

氮氧化物（特別是二氧化氮NO_2）會刺激肺臟，加重氣喘和慢性支氣管炎，引起類似支氣管炎肺氣腫的症狀，增加罹患呼吸道的感染，例如：流行性感冒和一般性感冒（尤其是老人和小孩）。最近的動物試驗發現，暴露於二氧化氮的污染中，可能導致癌細胞擴散到全身，特別是皮膚癌。

有研究指出，任何揮發性的有機化合物（例如：苯和甲醛）和有毒的微粒（如鉛、鎘、PCBs、戴奧辛等）會引起突變、生殖障礙或癌症。

有證據顯示，吸入臭氧（一種光化學煙塵）會引起咳嗽、胸痛、氣喘、眼、鼻、口的刺激感。也會加重氣喘、支氣管炎、肺氣腫等慢性病及心臟病，同時使人對感冒和肺炎的抵抗力降低。很多美國城市常會放出超過危險值的臭氧，尤其在天氣暖和之時。1987年有一項報告指出，除了吸煙之外，洛杉磯的居民長期暴露在臭氧之中，他們得癌症的機率比其他較乾淨城市的居民多一倍。

二、空氣污染對植物的傷害為何？

有些氣體污染物（尤其像是臭氣），進入葉片的氣孔，直接傷害農作物和樹的葉片。葉片和針葉長期暴露在空氣污染物中，使得其上的臘質分解，失去保護層，使葉片失去水分，並暴露於疾病、蟲害、乾旱、霜害之中。失去臘質的保護，也使植物的光合作用和生長受阻，同時，減少養分的吸收，使葉片或針葉變成黃色或褐色，並脫落。樅樹、杉樹及其他針葉林，尤其是生長在高海拔地區的樹木更形脆弱，因爲他們都是多年生的喬木，而且終年浸潤在不同的空氣污染混合物中。

第四節　溫室效應（Greenhouse Effect）

一、什麼是温室效應？

有一個例子可以說明溫室效應。一輛車門、車窗都關密了的轎車，在太陽下曬了幾個小時之後，打開車門，想要上車發動車子的人，幾乎無法忍受車內的高溫，這比外面太陽下的溫度更高。這是因爲太陽的光可以透過玻璃窗曬進車子裡，也可以穿過玻璃窗再透出來。然而太陽輻射的熱，透過玻璃窗射入車內，熱空氣卻被車子包住，散不出來，熱量愈累積愈多，所以就愈曬愈熱。這就是溫室效應。

每天，太陽的熱照射到地球上，地表可以吸收這些熱能。而同時，熱由地表反射回到太空，所以太陽下山後，地面就會比較涼快。

大自然的溫室效應是由於大氣中（包括地表及對流層內）有溫室效應氣體（主要是水蒸氣及二氧化碳），當這些氣體吸收太陽光以後，熱量保留在它們的分子裡，所以大氣才會顯得比較暖和。但科學一點來說：這些溫室效應氣體並未被溫室或車子的外殼包住，這些熱分子可以因分子的震動而將熱在對流層中傳導出去，所以比較正式的說法是「對流層熱效應」（Tropospheric Heating Effect）。但目前大家都習慣稱之爲「溫室效應」。

有大自然的溫室效應，也有天然的冷卻系統（Natural Cooling Process），例如：海洋、湖泊及水面吸收熱，把水分子變成水蒸氣（水→水蒸氣，吸收不少熱量），上昇至高空，形成了雲，將許多熱量帶到較高的空中，使得地表的年平均溫度保持在 15℃。若是缺少冷卻系統，地表就會變成年平均溫 54℃。反之，少了天然的溫室效應，地表又會成爲年均溫-18℃。

地球如果缺少溫室效應，就會太冷。天然的溫室效應，使地球全球平均年溫度在15℃左右，非常適合萬物生長、休眠、活動、繁殖。如果沒有溫室效應就會太寒冷，萬物也無法像現在一樣欣欣向榮，人類可能也不會出現吧！

科學家從冰封在冰河中不同深度（即不同年代）的氣泡中，分析出過去 160,000 年中對流層（Troposphere）內的水蒸氣，在大氣中的百分比相當穩定。然而二氧化碳的含量卻有較大的變化，由 190ppm 上升至 290ppm（parts per million，即每百萬分子中所占分子數）。這個二氧化碳濃度的升降，和 160,000 年中大氣溫度的升降呈現相關的變化：當二氧化碳濃度增加，溫度也隨之上升，而二氧化碳濃度下降時，氣溫也隨之下降。

水蒸氣是主要的溫室效應氣體（Greenhouse Gas）之一。水的三態變化讓地球有持續穩定的水循環，使水蒸氣在大氣中的含量非常穩定；另一主要的溫室效應氣體是二氧化碳。其他少量的溫室效應氣體有甲烷（CH_4）、一氧化氮（NO）、氟氯碳化合物（如CFCs、SF_6、SF_5CF_3）等，這些氣體來自自然現象或人爲活動（CFCs、SF_6、SF_5CF_3只有人類才會製造）。

自從工業革命之後，工廠煙囪林立，車輛排放廢氣增加，所以大氣的溫度也隨之升高了。大氣的溫度和二氧化碳的濃度從 1860 年到目前爲止，呈正相關的上升。工業發展之後的今天，二氧化碳在空氣中的量是 1860 年之前的二倍，較之自然現象的溫室效應有極大幅度的上升。所以，目前我們所說的「溫室效應」大多指的是這種人爲的、大幅度的溫度隨溫室效應氣體而上升的現象。

二、什麼是全球溫暖化（Global Warming）？如何防制全球溫暖化？

當大氣中的二氧化碳分子增加後，大氣的溫度就跟著上升。科學家預測，這種全球性的增溫將會引起兩極冰山的溶解，使海平面上升，甚至淹沒全世界大部分的海港和城市。要防制全球溫暖化，最主要的方法就是減少空氣中的二氧化碳含量。減少石化燃料使用（如石油、煤），提高能源的使用效率，減少砍伐森林，減緩人口增加，從工廠及交通工具的廢氣排放中去除二氧化碳，這些都能使大氣中的二氧化碳減少，緩和全球溫暖化。

三、砍伐森林和全球溫暖化的關係

森林的上空因樹木的蒸散作用，極容易有水氣積聚形成地形雨。因此有森林之處，空氣就會比較潮濕。當森林全部被砍伐後，地形雨也隨之消失，乾燥形成，氣溫上升，並且逐步的擴大其影響範圍，其影響範圍可以擴及全世界。

熱帶雨林的消失，影響尤爲明顯。在熱帶雨林中，礦物質本來是儲存在樹木中，但當整片森林消失後，礦物質及大部分的養分隨森林的移除而消失，水分也不再停留，於是很快的，整塊地區轉變爲沙漠。不僅乾燥，氣溫也上升。本來樹木可以吸收大量的二氧化碳來行使光合作用，現在森林不見了，二氧化碳也隨之增加，因此局部氣溫上升，進而影響到其他的周圍地區。

第五節　臭氧層

在離地表 18 公里的高度稱爲平流層，其較低之處有一層臭氧層。它可以阻隔95%陽光中有害的紫外線（UV）使人們免於太陽光的灼傷、皮膚癌、白內障及免疫系統的傷害，使人們和其他生物得以生存在地球上；並且保護對流層內的氧氣，不致轉化成臭氧，因爲若是臭氧在大氣層內靠近地表處就成爲嚴重的空氣污染物。

1930 年代，當通用汽車公司的Thomas Midgley, Jr. 發明氟氯碳分子（Chloro Fluoro Carbon, CFC）的時候，大家都很高興有這種又便宜又好用、無味無臭、不腐蝕、不易燃、無毒的化合物，這簡直是夢寐以求的東西。它可以作冷氣機和冰箱中的冷媒、噴霧劑、飛機鉚釘及電腦晶片的清潔劑、醫療用具的消毒劑、薰蒸消毒穀倉及船艙、絕緣及包裝用的發泡劑。

但在 1970 年代，兩位科學家 Sherwood Rowland 和 Mario Molina 發現 CFC 分子是破壞臭氧層的元凶。因爲它們上升很慢，不溶於水，也不易和其他化合物反應，因此，它們會停留在平流層達 65～385 年之久。CFC 分子會花上 11～20 年上升至臭氧層。CFC 分子破壞臭氧分子的效能是一比十萬，每一個 CFC 分子可以連續破壞十萬個臭氧分子，使臭氧層稀薄的情形迅速擴及到全球各地。

一、為什麼在南北極有季節性的臭氧層稀薄現象？

臭氧層稀薄現象在南極、北極最爲明顯。每年南半球冬天時，南極上方的氣溫非常的低，冷風形成了渦漩，一大團冷空氣形成冷氣團，和其他大氣區隔。雲中的水氣進入這個非常冷的渦漩中時，形成冰晶，並且吸附許多 CFC 的分子。10 月份，當陽光重新照射，春回大地，陽光使得冰晶和CFC的結合分開，釋出大量氯原子，並且開始破壞臭氧層，數週之內，南極洲上方的臭氧層就有 40～50%被破壞。從此南返的陽光，一方面融化冰晶，一方面使南極渦漩中的冷空氣釋放出來和大氣中的空氣混合。如此一來，大量被破壞的臭氧層空氣向北漂動，停留在澳洲、紐西蘭、南美洲和南非的上空好幾個星期，使得這些地區臭氧層的破壞達到 3～10%，甚至達 20%。

北極上方也發現有類似的臭氧層稀薄，並漂向南方的歐洲、北美洲和亞洲。

二、為什麼臭氧層「破洞」是錯誤的說法？

正確的說法是臭氧層稀薄或臭氧層破壞。在大氣中分子的消失，並不會出現破洞。只是在電腦上用顏色標記臭氧層的濃度時，發現在南極上空，臭氧層非常稀薄。在顏色區分上，好像是一大破洞。事實上在大氣中，並不會呈現破洞的形態。

大氣中的臭氧層位於離地表 18～50 公里之處，本來正常的濃度是十萬個氣體分子中有一個是臭氧分子。這種「濃度」已是非常稀薄，若臭氧分子再遭破壞，則更爲稀薄，無法抵擋太陽輻射中會妨害生物生長的紫外線。

第六節　聖嬰現象

印尼附近海水溫度、祕魯海岸的鯷魚捕獵、熱帶貿易風的風向，和美國中西部的降雨及溫度有什麼關係？信不信由你，這些現象其實互有關聯。聖嬰現象（El Niño）、反聖嬰（女嬰）現象（La Niña）和南方振盪（Southern Oscillation）所說的，就是海洋和氣候的這些關係，同時也影響全世界的氣候型態。

祕魯的漁民最早注意到這種現象。百年來，祕魯海邊的漁產非常豐富，貿易風沿赤道向西吹，把海水帶向西邊，東邊的海面下陷，深處洋流向上翻湧，帶來大量養分，浮游生物增加，漁獲豐收。但是隔幾年就會出現另一種反常現象：貿易風向東吹，溫暖的海水積在南美洲的西海岸，使含有大量養分的深海洋流無法往上湧流，淺海缺少養分，浮游生物、漁獲減少，漁民的生活可虞。這種現象出現的時間在聖誕節，漁民們以爲上帝的審判臨到，稱這種災難爲 El Niño，西班牙文意思是「小男孩」，指的是耶穌嬰兒。發生聖嬰現象之外的年份，我們稱爲 Niña Southern Oscillation（ENSO），或譯爲聖嬰南方振盪。

聖嬰現象成因我們並不清楚。聖嬰年，海上的熱浪由西太平洋流向南美洲西岸，熱氣流向上升，在澳洲、印尼、東南亞、造成乾旱，而在中南美洲卻造成暴風雨，在美西有水災，美東卻有旱災，加拿大的冬季也變暖。女嬰現象有時候又造成相反的災害。

問 ▪ 題 ▪ 與 ▪ 討 ▪ 論

1. 個人如何減少空氣污染？
2. 垃圾處理和空氣污染有何關係？
3. 保麗龍和臭氧層的破壞有關係嗎？

水資源與生活

第一節　水資源的重要性與水的特性

地球表面的 72%是海洋，海洋儲存了 97.2%的水；但我們眞正可用的淡水卻只是所有水的 3%。生物體內有 70%是水，水可說是所有生物體的主要成分之一。水循環告訴我們水量是固定的；想想你現在喝的水，可能也曾是法老王的洗腳水！民國 90 年納利颱風的侵襲，造成了台北市的市民一星期沒有水可以使用。民國 91 年 2 月底至 3 月初，報紙陸續報導新竹科學園區，缺水嚴重，必須以水車至他縣市運水，顯現出水資源的重要性。想一想，沒有水的日子是多麼的恐怖！

水具有獨特的性質，是一種極性分子，具有氫鍵，是大自然最好的廣用溶劑，能溶解大部分的物質。水的比熱爲 1，比其他物質高，這種特性讓地球的氣候與溫度不會變化過大。水的密度在 4℃時最大，此特性讓水於冰凍時始於表面，控制水體中溫度的分布，保護水體中的動植物。

水遇冷成冰，受熱則成水蒸氣，水的三相變化是大自然變化的根本。若沒有這奇妙的變化，水永遠只能留在海洋，大地將變成沙漠。萬物了無生機，這會是一個綠色的地球嗎？

萬物皆有本，水的三相變化是水在大自然中呼風喚雨的根本。造物主何等的神奇！但有了人類之後，青山綠水卻不復存在；台灣的經濟奇蹟帶來了財富，也帶來了五顏六色的河川。埔里水一桶 20 元，神奇電解水治百病，店家競相採用逆滲透水……，何時隨手可得的資源，卻變成了稀有珍貴的貨品？別讓眼淚成爲未來唯一乾淨的水！

第二節　台灣水資源概況

台灣的地理環境不但四面環海而且多雨，其水源可謂取之不盡、用之不竭，爲什麼還要節約用水呢？

全世界的年平均降雨量是834公厘，台灣的年平均降雨量則是2,510公厘，達全世界平均雨量的3倍，但台灣的降雨季節集中，而且山高水短，河流從高山奔流而下，直接進入海中，所以81%的雨水降到地面之後就流進海裡去了。台灣可說是水資源貧乏的地區，想不到吧！在如此潮溼多雨的寶島台灣竟然年年缺水。

台灣共計21條主要河川（圖8-1），約有120處可建水庫。然而其中有三分之一地點位於高山，若建水庫則會嚴重破壞生態環境，後患無窮；而另外有三分之一地點位於河川下游，早就被污染得無法使用，所以只剩下約40處可建水庫，而台灣有20座水庫已經優養化，水質惡化，藻類增生。

台灣的河流因爲短促，河床落差大，泥沙淤積的速度也快，水庫平均只有50年的壽命（大陸型的地區，河流流域寬，水流較緩、較長，水庫的壽命達80～100年）。有鑑於此，節約用水實在是有必要的。

自1994年到1996年，台南縣與嘉義縣農民的需水量爲9億立方米，但只得到6億立方米，如果以每1立方米的水能有新台幣6元的收益來計算，一共損失新台幣18億元。有許多農民違法抽取地下水來使用，因超抽地下水而使土地下陷嚴重的幾個海岸地區中，以屏東縣的林邊鄉最爲嚴重，十年內下陷了2.4米以上，最嚴重的時候甚至一年下陷達69厘米。

高屏溪可能是全省污染最嚴重的集水區，其污染源主要來自畜養豬

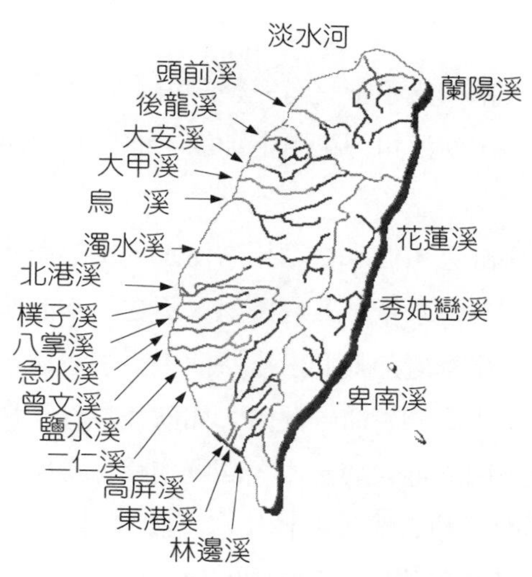

圖 8-1　台灣省 21 條主要河川（資料取自環保署網站）

隻的糞便。另外，傾倒工廠廢水至集水區亦算是危害至烈的一項，對公共衛生安全可謂造成極大的威脅。高雄縣美濃水庫興建之議引起長久及廣泛的討論與抗爭。究其原因，一方面高雄地區缺水及水質惡化情況嚴重，亟需新的水庫；另一方面，據專家了解，美濃水庫的用地地質柔軟，並非適合興建水壩之地。是以，當地居民誓死保衛家園，不願遷離世代居住而賴以維生的山區。此外，也有人建議豬農遷離水源保護區，或妥善處理農場廢水達可排放的程度，使之不至於影響河流的清潔，可惜豬農合作意願頗低。

台北盆地於十九世紀末期調查中發現地底下有很大的含水層，此乃原台北市的主要水源。民國 50 年代後，台北市發展迅速，地下水汲取過速，水位降低了 45 米，導至地層下陷。民國 70 年代後，台北市開始管制地下水的使用。1985 年，翡翠水庫啓用，地下水層因此得以慢慢補充水源，但地層仍然持續下陷中。據估計，台北盆地約有 90%的土地皆受其害。即使如此，土地開發依舊持續進行，地層下陷威脅依舊存在。

台北和台灣所有大都市幾乎都沒有完整的污水處理系統，大部分的廢水均直接排入河川中，使河川污染雪上加霜。而台灣全島之下水道系統亦只完成 3.8%。

台灣的水資源雖極缺乏，但水費卻相當便宜，工業用水價格亦與家庭用水相同，給了我們一個水資源取之不盡、用之不竭的假象。集水區森林的消失，使河川到旱季更加乾涸，土壤流失更加迅速，水庫淤積速度也加快許多，耗減了水庫的壽命。此外，如砍伐森林、種植果樹、茶樹、檳榔、高冷蔬菜，山坡地大興土木，開闢道路、遊樂區、高爾夫球場甚至別墅區等，皆嚴重地破壞了森林集水、涵養水分的功能。

鑑於上述，爲了節省水資源，家庭中的每一份子可以改用耗水較少的抽水馬桶、洗衣機、淋浴噴水頭等，同時，平常亦應時時檢查水龍頭、水管有無漏水。此外，政府可停建耗水量極大的工業園區，大量在集水區重新植林保護集水區，管制山區屯墾，並且解決水源的污染問題，甚至提高水費。而在教導民眾節約用水上，政府也需多加用心，提供技術服務，以落實節約用水的目的。

第三節　水污染

一、水污染的定義

指水質起了物理變化或化學變化、亦或生物上的變化，此種變化可能對人類健康產生危害的效應，這就表示水受到了污染。

圖 8-2　家庭污水

圖 8-3　工業污水

圖 8-4　溪流污染

圖 8-5　養鴨人家污染水源

圖 8-6　排水道污染

二、水污染之污染物

水污染之污染物，有下列幾種：

㈠會致病之病原體

如細菌、濾過性病毒、寄生蟲等。這些污染物由市鎮廢水和未處理的人類、動物之廢棄物進入水中，而人類如果飲用此受到污染的水，將會被傳染到如表 8-1 的疾病。

㈡需氧的廢棄物

此種廢棄物是依靠好氧細菌分解的有機廢棄物。大量細菌分解這些有機廢棄物，會使水質惡化。當用盡水中的溶氧量時，會導致魚和其他耗氧水生生物死亡。需氧的廢棄物在水中的數量，可由測量生化需氧量（Biological oxygen demand，簡稱 BOD）得知。BOD5 是指在 20℃

（68°F）經過五天培育期的某一數量廢水中，水生分解者（好氧細菌）破壞有機物所需溶氧量。

表 8-1　經由受污染飲水而傳染給人類的常見疾病

有機體種類	疾　病	症　狀
細　菌	似斑疹傷寒的發燒	腹瀉、嚴重嘔吐、暴怒、腸紅腫發炎；若未治療常致死。
	霍亂	腹瀉、嚴重嘔吐、脫水；若未治療常致死。
	細菌性痢疾	腹瀉；除了缺乏適當治療的嬰兒外，鮮少致命。
	腸炎	嚴重胃痛、作嘔、嘔吐；鮮少致命。
濾過性病毒	傳染性肝炎	發燒、重頭痛、沒胃口、腹痛、黃疸病、肝臟擴大；鮮少致命，但能引起永久肝部傷害。
寄生性原生動物	阿米巴性痢疾	嚴重腹瀉、頭痛、腹痛、寒慄、發燒；若未求治，能引起肝潰瘍、腸穿孔死亡。
	梨形鞭毛蟲病	腹瀉、腹絞痛、腸胃氣脹、打嗝、疲勞。
寄生蟲	血吸蟲病	腹痛、皮膚發疹、貧血、長期疲勞、長期普遍不健康。

㈢懸浮固體和污泥

它們是水污染物中的最大量種類。懸浮固體是一種非溶性泥土微粒，在水中即變成懸浮的固體。污泥使水混濁，並減少光合作用，它也分裂了水生食物網，並攜帶農藥、細菌和其他傷害性物質。靜止後的污泥會破壞魚群攝食及產卵中的魚群，也淤積了湖泊、人工水庫，阻礙了溪流路線及港灣。

㈣有機化學物質污染

包括石油、汽油、塑膠、殺蟲劑、清潔劑和許多其他化學物。這些物質會威脅到人類的健康、傷害魚類及其他水生生物。例如：曾經發生於台灣省桃園縣 RCA 事件。

㈤水溶性無機化學物質

包括酸、鹽和有毒金屬（例如：汞和鉛）的化合物。高濃度的這類化學物質溶於水中將使水不適合飲用，且會傷及魚類和其他水生物，減少農作物面積。例如：日本曾經發生的水俁病、鎘米事件。

㈥幫助植物生長之營養物質

包括水溶性硝酸鹽類和磷酸鹽類。這些鹽類能導致水藻和其他水生物過分成長（即所謂之優養化現象）、死亡並腐化，進而用盡水中之溶氧，導致魚類無法生存。飲用含過量硝酸鹽的水會降低紅血球的攜氧量；這可使胎兒或未滿一歲之嬰兒致命。

㈦水溶性放射性同位素污染

一些放射性同位素被集中在各式各樣組織和器官，當他們通過食物鏈和食物網時，此同位素放射出的放射線能引起生殖缺陷、癌症和基因的損壞。

㈧熱污染

用以冷卻工廠和發電廠的水所吸收的熱。熱導致水溫上升，將會減少溶氧，並使水生有機體更易受疾病、寄生蟲和有毒化學物質的傷害。例如：核三廠附近海域的珊瑚白化事件。

三、水的污染來源

污染來源可分為點源污染和非點源污染。點源污染是指在特定位置排出污染物，經由導管、排水溝、下水道進入水體表面。例如：家庭、學校、工廠、污水處理廠（只移除一些而並非全部污染物）、開採中的和被遺棄的地下礦坑、近海油井和運油船。因為點源是在特定地方，污染相當容易被確認、檢測和管理。在已開發國家，許多工業排放物受嚴格控制，然而在大多數的開發中國家，這樣的排放物仍然逍遙法外。

非點源污染則是無法被追溯到其排放地點。例如：地面下的水流或大氣層的沈降物所污染的大片土地面積；酸沈降；因暴風雨流入水面的化學物質；及從穀地、牲畜飼養場、光禿禿的樹林、街道、草地和停車場流到土地的滲流。

在美國，據評估來自農業的非點源污染，污染物總量中有64%進入溪流和57%進入湖泊。根據美國環保署統計，暴風雨的非點源污染物是美國湖泊和海灣所有污染的33%和所有溪流污染的10%，對於如此多散布源頭的排放物，由於確認及控制的困難及所需龐大費用，在控制非點源水污染方面，目前只有極小成就。

四、河川污染

(一)溪流的污染問題

流動的溪，包括較大的所謂河流，經由稀釋和細菌的分解，快速地從可能降解的需氧廢棄物和熱度中恢復。然而，這些自然的稀釋作用和降解過程，並不會除去分解緩慢的和不可分解的污染物。

細菌分解有機廢棄物會消耗溶氧，同時減少或除去有高氧需求的有機體數目，直到溪流完全清除廢物。整個自淨作用，可以根據氧垂曲線說明。氧垂曲線的深度和寬度（代表河川恢復所需的時間和距離）取決於流量、流速、水溫、pH 值和進入的可降解廢物的量。當熱水從工廠、發電廠排放入溪流時，會有相似的氧垂曲線情況發生。

㈡溪流污染的防治

我國基隆河、淡水河、冬山河整治計畫，大大地改善河川污染。美國要求每個城市清除自己的廢物，而非讓他們流到下游。因此於 1970 年代頒布的水污染防治法，已大大地提高美國和許多其他已開發國家的污水處理廠的數目及品質；法律亦要求工廠減少或除去點源排放廢物進入水面。這些努力，已使得美國能有效防治溪流因病媒及好氧廢棄物，而導致的日益嚴重的污染。例如：⑴俄亥俄州的 Cuyahoga River 的整治是一個成功的故事。在 1959 和 1969 年，它的污染是如此嚴重，以致當它流經克利夫蘭時，著火並燃燒數日。這條燃燒的河引人注目的印象促成了城、州、聯邦的官員立法限制工業廢棄物排放入河流和污水系統，並撥出基金改進污水處理設施。今日，這條河已復原並廣受遊客和釣魚客的使用。⑵自 1970 年通過的污染防治條例，也帶動了加拿大、日本和大多數西歐國家的許多溪流溶氧量的改進。在 1950 年代，英國發生了引人注目的整治。泰晤士河不過是一條流動的厭氧性下水道，但三十多年的努力，花費 25 億納稅人的金錢及工業界數百萬美金，泰晤士河已有傲人的復原成果。商業釣魚興盛，許多種類的水禽及蹣跚而行的鳥類，已回到他們之前的覓食天地。

㈢溪流污染的事件

儘管大多數已開發國家致力於改進溪流品質，但大型魚兒的殺戮和飲用水的污染卻依然發生。這些大多數起因於無意或故意的排漏工業上有毒的無機和有機化學物質，污水處理廠發生故障，及來自地表農藥的非點源流物。例如：南台灣高屏溪被某化學工廠倒入二甲苯事件。其他事例包括：⑴ 1986 年一場在瑞士的Sandoz化學儲藏室的火災，排放了大量有毒化學物質入萊茵河，而它流經瑞士、德國、法國、荷蘭，再注入北海。這些化學物質殺死眾多水生生物，淨水廠被迫暫時關閉，商業釣魚被迫停止，以及其支流在 1970 至 1986 年間的水質改進的努力完全付之東流。這條河如今正逐漸恢復中；⑵還有更惱人的消息。資料指出大型下水道廢棄物和工業廢棄物，造成的溪流污染，這在廢水處理幾乎不存在的開發中國家，是個日益嚴重的問題。前蘇聯及東歐國家的許多溪流已遭嚴重污染。目前，印度水資源超過三分之二被工業廢物及陰溝污水所污染。印度 3,119 個市政機關中，只有 8 個有完整的現代化處理機制。在中國大陸被檢測的 78 條溪中，有 54 條被未經處理的污水和工業廢水嚴重污染。20%的中國大陸河川太骯髒而不能用於灌溉。在拉丁美洲和非洲，大多數流經市區和工業區的溪流也都遭到嚴重污染。

五、湖泊的污染

㈠湖泊的污染問題

在湖泊、水庫和池塘中，稀釋作用比在溪流中更缺乏效力。湖泊、水庫必須承受著稍微垂直的混合分層，而池塘則含相對較少的水量。分層作用也降低溶氧程度，在底層時尤其如此。此外，湖泊、水庫和池塘中的水少有流動，更加減少稀釋和再度補充溶氧的可能性。湖泊及大型人工水庫的水氾濫與改變要花上 1 到 100 年的時間，而溪流只需數天至數週。因此，湖泊、水庫、池塘的生命力比溪流更脆弱；植物肥料、石油、農藥等等，對湖、水庫、池塘所造成的污染更易影響其生命力。這些污染物能摧毀底層生物及魚類，和以受污染水生有機體爲生的鳥兒。大氣的輻射性微塵與酸性漂流物，在湖泊的酸沈澱是個嚴重問題。例如：DDT、PCBs。某些放射性同位素和汞化合物的化學物質濃度能經生物放大作用而使濃度更形增加，當他們經過湖中的食物網時，許多有毒化學物質也從大氣層進入湖泊、水庫。

㈡湖泊優養化的形成

湖泊接受從四周盆地，因自然沖蝕和漂流而來的營養物及淤泥。一段時間後，有些湖泊變得優養化。但有些湖泊不因四周有水盆地的不同而有變化。在接近都會區及農業區，人爲活動能大大加速湖泊的營養物輸入，導致一種所謂優養化的過程。這般變化大多導因於污水處理廠、肥料及動物排泄物漂流和加速的富養表土沖蝕帶來的含硝酸鹽與磷酸鹽廢水。

引起湖泊優養化的主要原因是營養物過度負荷。當大量的海藻與植物（受增加的養分輸入的刺激）死亡並被好氧性細菌分解時，溶氧量會降低。降低後的溶氧量將殺死魚兒和其他水生生物。

在天氣熱或乾旱期間，過多養分導致像海藻、布袋蓮及水萍之類的有機體迅速成長。當大量海藻死亡，落到底層且被好氧性細菌分解時，在近岸的水表面和底層，溶氧會被用盡，這將導致魚類及其他水生動物死亡。若過量的養分持續流入湖泊，厭氧性細菌便接管而產生氣態分解物，例如：惡臭、劇毒的硫化氫和易燃沼氣，這使得湖泊不再具有娛樂之效用。美國的 10 萬個中大型湖泊中約有三分之一，以及接近人口中心的大湖泊約有 85%遭受某種程度的優養化。

㈢湖泊優養化的預防或減輕的方法

預防之道包括：⑴先進的廢水處理是最有效的方法；⑵禁止或限制家庭清潔劑和其他清潔品產生的磷酸鹽；⑶土壤保護跟控制土地利用來減少養分逕流。

至於主要的整治方法則包括：⑴挖掘底層污泥，移開過量的養分積聚；⑵移走過多水生植物，用除草劑和滅藻劑控制不受歡迎的植物生長；⑶打氣進入湖泊及水庫以避免氧氣用盡，但這是一種昂貴而耗能的手段。

一般說來，污染預防比污染整治更有效，且通常比較便宜。假如可以大量的限制植物養分的輸入，湖泊大多能回復以前的情況。美國西雅圖的華盛頓湖是經過數十年做爲污水儲藏所之後，從嚴重優養化復原的成功例子。當污水被轉向大水體之後，復原就發生了，其復原的有效原因是：⑴一個大水體能夠接納污水；⑵水生植物及沈積物尚未填滿夠大和夠深的湖泊；⑶在湖泊變淺及高度優養化之前，採取了預防的改善動作。

六、水污染來源因應之道

針對水污染問題，我們應可採行的因應之道如下：

㈠點源污染因應之道

立法：我國水污染防治法頒布於民國 80 年，明訂工廠廢水的排放水標準。

家庭減廢措施：⑴水槽內設置殘渣過濾器、濾網或三角濾盒；⑵使用無磷清潔劑；⑶回收廢棄食用油。

㈡非點源污染因應之道

非點源污染對我們而言大部分是來自於農業。因應之道包括：(1)農夫們儘可能減少肥料逕流於地面；(2)發展有機農業，儘量不使用農藥，栽培農作物害蟲的天敵來殺蟲；(3)重新造林，減少土壤受到侵蝕和土石流。

總之，針對珍貴的水資源與水污染問題，在生活用水方面大家要減廢、減量（Reduce）、回收（Recycle）、再利用（Reuse）；而畜牧用水、工廠用水則更要減廢、減量、回收、再利用，共同爲水資源努力奮鬥，讓水生生不息！

第四節　廢水的淨化

一、廢水處理

依照對純化程度需求不同，通常分成三個階段：

㈠一級污水處理：是一種機械的過程，一般使用柵欄，過濾出如石頭塊、懸浮固體。

㈡二級污水處理：是一種生物化學（Biological Process）過程。好氧細菌能移走90%生物降解，需氧的有機廢物。有些處理廠使用滴濾池和活性污泥法。

㈢三級污水處理—高級處理法：如吸附、臭氧除去礦物質，得到純淨的水。

因爲自來水的原水來自於地面或地下，其水質不同，所以各水廠的淨化過程稍有不同。不過自來水廠淨水處理過程主要爲沈降、過濾、除臭、消毒等。

二、實驗室廢液處理

實驗室廢液一定要先分類，實驗室廢液能減量、回收、再利用。廢液分類依照代處理機構的要求分類。環保署環境檢驗所對儲存桶（每個約 2,000 元）有規定。環保署環境檢驗所對實驗室廢液分類，分爲有機廢液與無機廢液。有機廢液分爲：(1)含氯有機廢液；(2)不含氯有機廢液。無機廢液分爲：(1)氰系廢液；(2)汞系廢液；(3) COD 廢液；(4)一般重金屬廢；(5)酸系廢液；(6)鹼系廢液；(7)六價鉻廢液。

三、國外利用自然方法淨化家庭污水實例

有些團體及個人，正尋求利用自然的方式，來純化家庭所排放的污水。以一種簡單的、低花費的方式來取代昂貴的廢水處理法——此種方法就是建造一人工的溼地來淨化家庭污水，如在加州的 Arcata 的居民正是利用此方式。在這沿海的城鎮有 17,000 個居民，他們在與此鎮鄰接的 Humboldt Bay 之間，建造了 63 公頃的人工溼地，這些沼澤並不用花費許多金錢，裡面種植了處理廢水的植物。

運作的方式首先，將下水道污物引入放進沈澱槽，使污物以污泥的形式被移除，並得以加工再利用，之後，再將過濾後的液體注入氧化的水池當中，這個水池充滿污水且被細菌分解過了大約一個月，再將池中的水注入人工的沼澤，此處由植物及細菌進行更徹底的過濾。雖然此時的水已經夠乾淨而能直接排入海灣，但是法律要求必須先使水經氯化作用才能排放，所以，他們將水加入氯消毒後再去氯，最後才將水排入盛

產牡蠣的海灣中。

有些從沼澤來的水則被運送至城市的鮭魚孵化所，Arcata因而希望建立一個鮭魚牧場，並且將沼澤處理廠轉爲一種賺錢的工具。沼澤與潟湖是 Audubon Society 的鳥類禁獵區，提供了數千水獺、海鳥和海洋動物的棲所；而處理中心則是一個城市公園，並且成功的吸引了 150,000 名觀光客。

在美國超過 150 個城市和鄉鎮，目前正使用天然及人工濕地的方式處理污水。何種天然的處理過程有利於處理複合式污水和工業廢水？如果沒有可利用的沼地或足夠的陸地，要如何創造一個淨化污水廠？根據海洋生物學家 John Todd 的研究，我們可以建立一個溫室鹹水湖，並使用天然的食物鏈和陽光的自然作用淨化污水。這個淨化過程從 Todd 的生存機制開始——溫水流入一個溫室水生植物流動儲水池的控制流程，內有布袋蓮、香蒲（Cattails）和蘆葦（Bulrushes）等。在這些儲水池中，藻類和微生物會分解廢水，而營養鹽則會被植物吸收，分解速度受到進入溫室陽光的影響。水再流過一個人工沼地內含沙、碎石和蘆葦植物，由此過濾出藻類和有機性廢棄物。

接著，水會流入水槽中，而其中的蝸牛和浮游生物會吃掉分解微生物，然後魚兒們再吃掉蝸牛和浮游生物。最後，這些魚則被吃掉或賣掉當餌，10 天以後，乾淨的水即流入第二個人工沼地做最後的過濾與淨化。倘若處理適當，這種 Solar-aquatic 處理所製造出來的水可供人飲用。這種生存機制的主要副產物爲植物、樹木、蝸牛和魚，這些皆可被製成混合肥料、裝飾植物或是餵魚飼料。Todd 的生存機制，至今已在美國 13 州與 7 個其他國家運作使用。

水污染常和空氣污染、陸地的使用、人的數量、農田和工廠排放物進入下水道有關，這些環結解釋了爲何解決水污染的問題應該與空氣污染、能源、土地利用和強調污染防治的人口政策合而爲一。否則，我們只是繼續將潛在的污染物由生態圈的一部分轉移至另一部分，直到破壞整個生態系。

第五節　水和生活

一、好喝又有益健康的水

㈠好喝的水

水溫要保持在 15℃左右，因爲水一冷卻，氯的味道較不明顯，喝起來較爲舒暢，味覺變得遲鈍，自然就不會注意味道是不是怪怪的。再加上礦物質、硬度、二氧化碳三大類因素，調配得宜會讓水變得更美味。每 1 公升的水含 100mg 礦物質和 50mg 鈣和鎂，最甜美最好喝，另將二氧化碳充分溶於水中，水會變得既新鮮又清爽。

㈡水的硬度

硬度是指水中鈣、鎂的含量。鈣的含量比鎂多的水好喝；鎂含量過多，水不好喝。硬度高的水含有大量鈣及鎂，喝起來味道很膩，稱作「硬水」。「軟水」則顏色呈淡白色，味道清冽不濃膩。日本啤酒以淡色啤酒爲主流，因爲日本是軟水。慕尼黑的黑啤酒是濃色啤酒，因爲歐洲是硬水。想一想爲什麼日本的拉麵好吃，台灣做的拉麵就比較不好吃，可能和水的硬度有關。

市面上的礦泉水你覺得好喝嗎？但是喝礦泉水花的錢比自來水貴多了，因爲自來水加氯味道當然不好，礦泉水無味，當然好喝，不過有些包裝飲用水，不是天然礦泉水，也不含礦物質，卻取名爲天然礦泉水，值得注意。

二、自來水安全嗎？

大多數淨水處理方法是在水中加入大量氯當作消毒劑，造成氯濃度提高，生成三鹵化甲烷（氯甲烷）的機率就大。

現在，有些原水污染嚴重的地區，其淨水廠處理的過程中，採取配合臭氧處理和生物活性碳吸附處理方式，替代大量加氯消毒；用臭氧去分解黴菌，再利用活性碳的吸附作用及微生物的力量將黴菌徹底消滅。此種方式比較不會有大量的三鹵化甲烷產生。

如果河水愈髒，淨水廠加氯就要加得多；爲了少加一點氯，我們應該要留意自家生活廢水的排放，同樣的，工廠廢水的排放，也要監督合乎法令標準，不要污染了河川。

你曾經想過，一天當中哪個時候的水最適合飲用嗎？西元 1950 年以前，水管是用鐵、鋅、鉛、銅等材質製成的。其中鉛管，如長期攝取會引起可怕的鉛中毒；解決之道就是不要喝早上的水，先打開水龍頭讓它流個 10～20 分鐘，則積在水管的水就流光了，而新鮮的水鉛的含量會降低；所以一天之中，晚上的自來水是最適合用來當飲用水。有些人會飲用經活性碳過濾的水，是因爲活性碳具有吸取有機物的吸附作用，能去除溶於水中的有機物、異味和有害物質。

三、家庭用水淨水器

一般家庭大都使用自來水，但是爲了改善自來水的品質，有些家庭會加裝濾水器。市面上濾水器種類繁多，規格不一，價格普遍不貴。其主要型式有活性碳、逆滲透、蒸餾等三種，再搭配一些附件如紫外燈、水的軟化器等。加裝的淨水器是否適合，要考慮到各個機型的功能，先檢測家中水的品質，以及衡量本身的經濟能力，再決定選單種功能型式的淨水器還是多種功能組合的淨水器。現就分別敘述如下：

(一)活性碳過濾器（Activated-Carbon Filters）

1. 功　能

可以有效的去除合成的有機化合物、氯氫農藥。碳濾心不貴。

2. 限　制

碳濾心不能去除細菌、病毒、氟、鹽類、礦物質或硝酸鹽及毒性物質如鉛、汞。而且，如果沒有定期的更換濾心，則會滋生細菌，破壞水的品質，此種濾器的優點也就沒有意義。

(二)逆滲透（RO-Reverse Osmosis）

1. 功　能

靠著幫浦加壓將普通水通過半透膜，去除大部分顆粒和溶解的固體和一些含揮發性合成有機化學物質。

2. 限　制

不能去除氡、砷、氯仿（三氯甲烷）和酚。有些逆滲透系統使用到聚塑膠，建議再以碳過濾淨化蒸餾，以除去揮發性的有機化合物，濾心要定期更換。去除鈣，須有軟水器，且水的pH值要小於8。除此之外，逆滲透製水時，產生的淨水與排放出的廢水，其體積比，由早期的1：

8降到現在的1：2～3之間，也就是說製造出1升的純水要排放出2～3升的廢水。這都要歸功於幫浦機型的改進。產生的排放水，可以拿來洗衣、洗菜、沖馬桶之用。早期的機型因產生了大量排放水，且價格昂貴，不大普遍；現在價格下降，排放水又減少，在水資源珍貴的今天，很多家庭安裝這種濾水器，不過都會搭配活性碳，有的還加裝UV燈、軟水器等。

㈢蒸餾器

1.功 能

可以去除金屬輻射的污染物和非揮發性的有機化合物，以殺死細菌。

2.限 制

不能去除具揮發性的有機化合物（如氯仿或氡）。價格昂貴，會耗用大量能源、時間，製水過程緩慢，只能淨化少量的水。其中沸騰管須經常清洗。

㈣紫外燈（Ultraviolet light）

1.功 能

能殺死一些細菌和病毒。

2.限 制

無法去除細菌、病毒之外的污染物。

㈤水的軟化器（Water softeners）

1. 功　能

能去除溶解的礦物質和防止水管設備上的水垢。

2. 限　制

無法去除病毒、細菌和大多數的有毒物質。

綜上可知各種淨水器，各有其功能及限制，因此，最重要的是依水質及用量來選擇適合的淨水器。如不想花錢，又想減少水中毒素，就是讓水在水壺中沸騰 10 分鐘，然後冷卻到蒸汽不冒為止，這樣就可以有效去除氯、氯副產品、農藥及殺菌，但是不能去除有機化合物、重金屬或微量礦物質。

第六節　河川水質判斷

進入行政院環保署網站 http//:www.epa.gov.tw，可以根據所提供資料了解河川水質。判斷每一條河川水質的污染程度有生物指標、化學指標及物理指標等。

一、河川水質污染判斷指標

㈠生物指標

不同水質會有不同的生物生長，利用水中不同的生物，判斷此水域的水質稱做生物指標方法。利用存活之底棲動物判斷河川污染程度，未受污染水域之指標生物，如石蠅、流石蠶、澤蟹、長鬚石蠶、扁蜉蝣、網蚊等；輕度污染水域之指標生物，如雙尾小蜉蝣、石蛉、縞石蠶、蜻蜓幼蟲、豆娘幼蟲、扁泥蟲等；中度污染水域，如水蛭、錐螺、姬蜉蝣等；嚴重污染水域，如紅蟲、顫蚓類、管尾蟲等。這些底棲動物的特徵及形狀如圖 8-7 至圖 8-10 所示。下次到野外觀賞大自然時，不妨看看身旁的小河有哪些底棲動物，進而判斷其受污染程度。

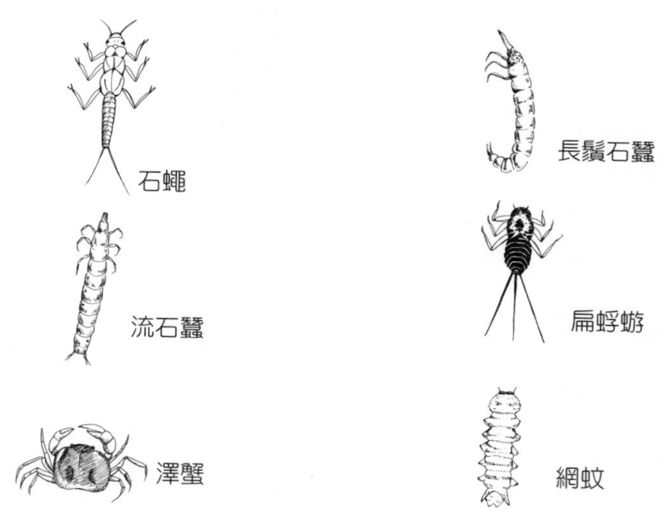

圖 8-7　未受污染水域之指標生物

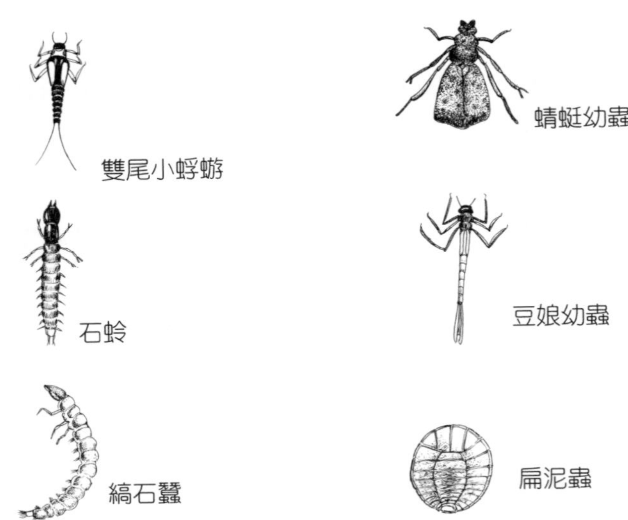

圖 8-8　輕度污染水域之指標生物

圖 8-9　中度污染水域之指標生物

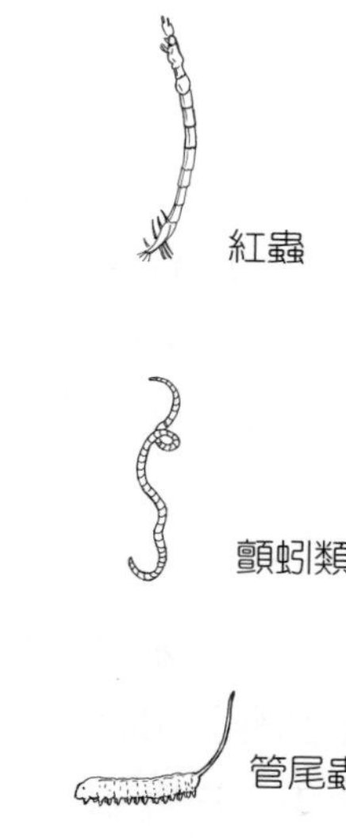

圖 8-10　嚴重污染水域之指標生物

(二)化學性污染指標

1. pH 值

水中氫離子濃度倒數的對數值。一般天然水之 pH 值多在中性或略鹼性範圍，若受工業廢水、礦場廢水污染時，其 pH 值可能相差很大。pH 值會影響生物的生長、物質的沈澱與溶解、水及廢水的處理等。

2. 溶氧（DO）

水中的溶氧來自大氣的溶解、人為的曝氣以及水生植物的光合作用。實際水中的溶氧，因受種種因素的控制，非但不能達到飽和，甚至由於受水污染細菌分解有機物質，需要耗用水中的溶氧，而造成水中缺氧狀態。對於河川的自淨作用、魚類的生長、水的利用影響極大。

3.生化需氧量（BOD）

一般的BOD是指在20℃，經過五天培育期的某一數量廢水中，水生分解者（好氧細菌）破壞有機物所需溶氧量。BOD 的大小可表示生物可分解有機物的指量，有機物的含量愈多，所耗的氧氣也就愈多。如果廢水的BOD高，排入河川後，容易造成缺氧的狀況。

4.懸浮固體（SS）

水中固體來自砂粒、粘土、有機物及廢水，固體可能影響外觀使地表水呈現混濁狀態，有機懸浮固體也可能消耗氧，或是無機顆粒，發生沈澱，減少水庫功能或破壞水中生物棲息地。

5.氨氮（NH_3—N）

氨氮是生物活動及含氮有機物分解的產物，可指示污染。硝酸鹽是有機氮好氧穩定的最終產物，自然水中很少，但受肥料或廢水、污水污染時，含量可能很高。若存在湖泊、水庫會造成優養化，促使藻類過度繁殖，造成污染。

㈢物理性污染指標

1.水　溫

水溫會影響水的密度、黏度、蒸氣壓、表面張力、微生物的活性、生化反應的速率及氣體的溶解度等。溫度愈高，水中生物的活性愈高，大約每增加10℃，生物生化反應速率約增加1倍；但溫度愈高，水中飽和溶氧濃度愈低。

2. 外　觀

憑感官直覺對於水樣的物理特性所作的描述，包括：沈澱物、渾濁、顏色、懸浮固體、微生物、臭味等。

3. 臭　味

臭味可能來自有機物質及無機物質，各類污水及工業廢水的排入、自然界植物的分解、微生物的作用，都可能使水產生臭味。臭氣會造成附近居民的困擾，並成為反對廢水處理廠興建的最大理由。臭度一般以初嗅數來表示。初嗅數乃水樣以無臭水作系列稀釋後，檢驗員仍可偵測到臭度之水樣的最高稀釋比率。

4. 色　度

色度可分為眞色度及視色度，前者是除去水中懸浮固體後所測得的色度，後者則是水樣直接測得的色度。色度來自自然界的金屬離子、腐植土、泥、炭、浮游生物、微生物、水草及工業廢水等。工業廢水常有異色，會影響水的觀瞻、光的滲入、水的利用及處理。

二、水質分類指標說明

環保單位最常使用的河川水質指標是河川污染指標（RPI, River Pollution Index）。此指標乃早期引自日本的河川污染分類法，它是以溶氧量、生化需氧量、懸浮固體及氨氮等四項水質參數加以評定，其點數和積分分類如表 8-2 所示。河川污染指標是前台灣省環保處，在河川水質年報中用以評估台灣省 21 條主要河川及 29 條次要河川水質的指標，指標即為四項水質點數之算術平均值。RPI 特點為計算方法簡單易懂，四項參數權重相等，RPI值介於1至10之間，民眾較易了解水質之變化。

利用網址 http://ww2.epa.gov.tw/waterana/主要河川水質監測資料查詢重要河川水質監測結果，以表8-3淡水河在民國90年12月12日爲例，對照表8-2，DO點數爲6，BOD點數爲1，SS點數爲3，NH_3-N點數爲 6；積分數爲 DO、BOD、SS 及NH_3-N點數平均值爲(6+1+3+6)/4=4。由此積分數，可以判斷此河川污染程度爲中度污染，污染指標（RPI）爲4。再由此網址，找出淡水河流域和濁水溪流域水質變化趨勢分析（表8-4與表8-5）。

表8-2　河川污染指標（RPI）等級分類表（資料取自環保署網站）

項目＼污染等級	A（未稍受污染）	B（輕度污染）	C（中度污染）	D（嚴重污染）
溶氧量（DO）mg/l	6.5以上	4.6～6.5	2.0～4.5	2.0以下
生化需氧量（BOD）mg/l	3.0以下	3.0～4.9	5.0～15	15以上
懸浮固體（SS）mg/l	20以下	20～49	50～100	100以上
氨氮（NH_3-N）mg/l	0.5以下	0.5～0.99	1.0～3.0	3.0以上
點　數	1	3	6	10
積　分	2.0以下	2.0～3.0	3.1～6.0	6.0以上

說明：*1.* 表內之積分數為DO、BOD、SS及NH_3-N點數平均值。
2. DO、BOD、SS及NH_3-N均採用平均值。

表8-3　淡水河口水質污染指標（資料取自環保署網站）

日　期	DO	BOD	SS	NH_3-N	污染程度	污染指標（RPI）
90年12月12日	3.30	-1.00	37.90	1.49	中度污染	4
90年11月26日	3.60	1.40	25.90	2.04	中度污染	4

表 8-4　淡水河河川水質變化趨勢分析（資料取自環保署網站）

一、河川名稱	淡水河
二、流域背景概述	1. 發源地：品田山 2. 流經縣市：台北市、台北縣、桃園縣、基隆市及新竹縣 3. 出海地：淡水鎮油車口 4. 流域面積：2,726km^2 5. 幹流長度：159km 6. 河川用途：公共給水、農業、工業及環境保育用水
三、主要污染來源	1. 家庭廢水：71%　2. 畜牧廢水：4%　3. 工業污水：23% 4. 其他：2%
四、水質標準達成率及污染程度變化趨勢	水質標準達成率以民國 76、77 年為最高，約有將近五成的年平均達成率，但隨後即逐年呈下降的趨勢，最近兩年更降到 15%以下。若依污染程度變化趨勢來看，全河系近十年來並無太顯著的變化，未受污染河段持續維持在 65%左右，嚴重污染河段則在 15%左右，但若單就基隆河來看，則其污染程度有逐漸好轉的情形，顯見歷年來基隆河的整治已獲致初步成效。
五、基本水質年變化趨勢	1. 溶氧：淡水河流域各支流的溶氧都呈現隨時間逐年略降的趨勢，至於本流由於感潮所以沒有明顯的變化。其範圍約介於 1～9mg/l 之間。 2. 生化需氧量：除了民國 78 年因逢枯水年造成偏高趨勢外，歷年之年平均值並無顯著變化趨勢，其範圍約大致介於 0～45mg/l 之間。 3. 懸浮固體：懸浮固體相對於時間來看並無呈現明顯關係，倒是各河系都有幾個特定監測站的測值明顯偏高，由此可知本水質項目受地域性的影響非常顯著。 4. 氨氮：氨氮是本河系中明顯有逐年上升趨勢的水質項目，表示污染量仍未獲得良好的控制。
六、綜合結論	整體而言，淡水河流域的水質雖然在污染程度分析上並沒有逐年惡化的趨勢，但是就水質標準達成率來看，確實是逐年降低的，所幸淡水河污染整治先期工程已進入陸續完工啟用階段，未來應可望對河川水質帶來正面的效益。

表 8-5　濁水溪河川水質變化趨勢分析（資料取自環保署網站）

一、河川名稱	濁水溪			
二、流域背景概述	1. 發源地：合歡山 2. 流經縣市：南投縣、彰化縣、雲林縣 3. 出海地：大城鄉、麥寮鄉 4. 流域面積：3155.21km^2 5. 幹流長度：186.40km 6. 河川用途：農業及環境保育用水			
三、公告水體分類	名竹大橋	乙	集集大橋	乙
	雲南大橋	乙	西螺大橋	乙
四、主要污染來源	自然因素（地質、氣候、河蝕作用、地震等）及人為因素（燒山、伐木、濫墾、道路開闢等）交互影響造成之崩塌。			
五、水質標準達成率及污染程度變化趨勢	水質標準達成率以民國 68 及 76 年較高，其餘各年之達成率則較低且變化不大。 污染程度有逐年惡化趨勢，自民國 79 年起嚴重污染程度之比例大增，顯示水質有惡化現象，應予以注意。			
六、基本水質年變化趨勢	1. 溶氧：歷年（民國 65～83 年）監測結果，年平均溶氧量皆在 6.5mg/l 以上，均符合甲類陸域水質分類標準。 2. 生化需氧量：歷年平均 BOD5 值多介於 1～5mg/l 之間，除少數監測站變化較大外，其餘大多介於 1～5mg/l 之間。			
七、重金屬變化趨勢	歷年各重金屬（Cd、Cr、Cu、Hg、Pb、Zn）監測結果，僅 Hg 之年平均值有超出乙類水質分類標準現象，其餘均符合標準。			

第七節　海洋油污染

海洋油污染的來源有自然滲出、海域油井、煉油廠、港口船塢、油輪裝卸、船難事故等等。於民國 90 年 1 月 14 日，希臘籍貨輪「阿瑪斯」號，由印度駛往大陸江蘇南通，在鵝鑾鼻外海失去了動力，而且不幸擱淺在鵝鑾鼻以東約一公里處——龍坑。船上留有約 1,500 噸的重油燃料，數萬噸的礦砂。這條船擱淺時雖然未有漏油的情形，但貨艙間的裂口在強風海浪的不斷拍打下繼續擴大，隨後陸續洩出數百噸的重油及燃油，嚴重污染墾丁龍坑生態保護區一帶之海岸，也因此引起社會大眾的關注。

龍坑地區的礁岩油污清除受限於地質及天候因素，主要以沿岸人工撈除方式，清除受污染海岸地區之珊瑚礁潮溝、潮池等近岸礁岩地帶之油污。因此，第一階段岩岸坑仔洞內浮油撈除工作至 90 年 2 月 16 日爲止，計投入國軍八千多人次，連同民間共投入九千多人次，撈除 460 噸浮油。第二階段礁岩油污之清除方式，經考量潮間帶以大自然力量分解，潮間帶以上地區則以生物分解或高壓水柱清洗等有效方式處理，期恢復原貌。

漏油事件通常處理方式：圍堵→回收→清除。回收的方式有人工式、機械式與化學式回收等三種。其中機械式回收不會造成二次污染，是最被廣泛使用的方式。而化學式回收，一旦漏油事件發生在水上時，最受爭議的處理方式是使用分散劑。至於清除方式則有：燃燒法、細菌法、不處理法。燃燒法只在非常大量油污外洩，且無安全疑慮時才使用。細菌法是利用能吞噬海上浮油的細菌，清除海上浮油，爲淨化海上環境污染提供了一條新的途徑。不處理法也就是以海洋的自淨能力，清除漏油。藉著海浪的作用，使水面的漏油粉碎成極細小的油滴，小油滴與海水充分混合，使油的濃度降低，這樣油滴就極易被微生物分解。

第八節　省水成功實例

在《四倍數》這一本書中，提到 20 個提高原料生產力的實例。在此舉出其中三個實例與大家分享。

一、滴水灌溉工程，讓沙漠成為沃土

在美國亞利桑那州的「太陽之舞農場」，主人沃茲使用滴水灌溉系統，讓農地使用效用提高四倍以上，灌溉效率達到 95%以上。此灌溉系統係將滴水管線埋在地下 20 到 25 公分深的地方，直接灌溉植物的根部。此種做法使植物的根部不斷吸收水分，不必擔心水分的不當滲透，也可以防止水分的蒸發浪費。如此一來，不但可以節約用水，也可以減少除草劑與化學肥料的使用，減少水污染的產生。雖然埋設此灌溉工程成本較高，但是站在環保立場上，獲得的效益則是令人讚賞的。經由這個故事，想想你周遭的環境，怎樣可以減少水的浪費呢？

二、革命性的改良事業用水

造紙是一種耗水的工業，在西元 1900 年，歐洲造紙廠每製造 1 公斤的紙，就要用掉 1 公噸的水；到了 1990 年，製造 1 公斤的紙，則只耗用 64 公斤的水；而這幾年，德國造紙業同樣製造 1 公斤的包裝紙，則只需要 1.5 公斤的水。由西元 1900 到西元 2001 年的今天，製紙業在

耗水方面，其省水效果實在驚人。到底是什麼原因，讓這些製紙業有如此省水效果呢？近幾年來，由於環保意識高漲，鑑於水資源的重要性與水污染的影響，工廠廢水排放處理費用提高，廠商爲了省錢，將廢水淨化，透過沈澱、軟化與過濾等三種程序，去除製造紙漿與其加工階段所產生的紙屑。廢水淨化後，就可以不斷循環使用。在製紙過程中，只需補充蒸發掉的水。這家工廠的做法，不但提高該工廠的生產效率，也節約用水，眞是一舉兩得。

在台灣，有些製紙工廠、食品工廠和公賣局製酒廠，也回收其產生的廢水，在將之淨化過後，不斷循環使用，除了減少廢水的排放外，應該也是想要節省成本吧！想一想，有什麼你可以付之於行動的呢？

三、讓家庭用水減量，達到四倍數的目標

原先一般美國家庭成員平均每天使用300公升的水，到了1992年，法規規定要降到 190 公升，而後再透過省水措施，總共可以節省水量70%以上，達到家庭用水減量達四倍數的目標。省水技術包含：⑴馬桶的製造技術：如瑞典採用集中式強力漩渦沖水，可省水16%；⑵洗衣機的運轉形式：美國俄亥俄州的夏普研發出平行軸洗衣機，其用水量與加熱能源，只要一般洗衣機的三分之一，洗衣粉用量只要四分之一；⑶省水蓮蓬頭：利用類似潛水艇所使用的沖澡設備原理，設計由低壓熱空氣所驅動、沖水力道強勁的蓮蓬頭，每分鐘淋浴只需要2公升的水（一般需要10到30公升）；⑷雨水的利用：拿雨水來沖洗廁所、充當冷氣機用水及灌溉用水；⑸肥料廁所設立：將尿液與糞便導入密閉的肥料池中，而不要排入下水道造成水污染。這些措施要注意到衛生與健康，不要製造二次污染。而這種糞肥不會造成土壤污染。想一想，你有更好的省水措施嗎？

問．題．與．討．論

1. 什麼原因造成台灣的水資源不足？
2. 舉例說明水污染的來源。
3. 為什麼會造成水質優養化？
4. 如何減緩水質優養化的過程？我們應該怎樣做？
5. 如何減少水污染的產生呢？
6. 舉例說明在學校、家庭如何節約用水。
7. 上網查詢最接近學校的一條台灣主要河川水質監測結果，判斷最近一年來此河川污染情形與其水質變化趨勢。
8. 請以「水與生活」的觀點來解釋三 R。

第 9 章

固體廢棄物的污染與生活

第一節　垃圾的來源

廣義地說，廢棄物（垃圾）就是我們不要而丟棄的東西。這些丟棄的東西，可以大概分為固體、液體或氣體廢棄物。狹義地說，廢棄物多指的是固體廢棄物。

我國的廢棄物清理法將垃圾分為一般廢棄物及事業廢棄物兩大類。一般廢棄物如家庭、學校、公司所產生之垃圾、家具、動物屍體，或其他非事業機構所產生足以污染環境衛生之固體或液體廢棄物。至於糞便問題，在台灣，家庭污水系統並不完善，也歸屬在一般廢棄物的項目之下。

事業廢棄物則是指事業機構所產生的垃圾。如畜牧業的養豬場、製造業的工廠、服務業、醫院的餐館、旅館等。又可分為有害事業廢棄物及一般事業廢棄物兩種。有害事業廢棄物是事業機構所產生具有毒性、危險性，其濃渡或數量足以影響人體健康或污染環境之廢棄物。其餘的則稱為一般事業廢棄物（如圖 9-1 一般廢棄物、圖 9-2 建築廢棄物、圖 9-3 事業廢棄物、圖 9-4 廢棄物之一角）。

圖 9-1　一般廢棄物

圖 9-2　建築廢棄物

圖 9-3　事業廢棄物

圖 9-4　廢棄物之一角

第二節　垃圾的處理

首先我們必須檢視我們丟棄不用的東西，是否可以先分類，分成可回收資源和不可回收兩大類。可回收資源又可分爲廢紙類、紙盒包、鋁箔包、玻璃類、鋁罐等金屬類，保特瓶等塑膠類。這些都可以放置在回收地點的分類袋、分類桶或分類箱之內，資源回收的卡車在每一縣市均有不同的日期，會到定點來收取分類的回收資源。

此外，舊衣類亦設有回收點，可再穿用的衣物洗淨後，置入回收的箱子裡，送給需要的人再利用。但棉被、領帶、鞋類卻不能回收。陶瓷、皮革、磚瓦、石頭也不能回收。

廢輪胎可以回收，但輪胎內的鋁圈及鐵圈應先折除。乾電池可交給便利超商回收，或集中後包好交回收車。而日光燈管亦可在社區內集中後交給回收車。

至於電視機、冷氣機、洗衣機、冰箱及電腦，俗稱四機一腦，可以集中再與清潔隊聯絡派車收回，大型家具處理方式與四機一腦相同。報廢的汽車亦可回收，而且可以申請「汰舊換新」補助。申報獎勵金補助經費電話 0800-085717（您幫我清一清），詢問就近的回收商資料。報繳報廢汽車可領3000元獎勵金。機車車齡未滿七年者，獎勵金650元。第七年及七年以上者，獎勵金 1000 元。

當然，最重要的，也是最基本的態度，乃是崇尚自然，降低對物質的依賴和需求，或說慾望。如此才能作到減少廢棄物的產生，購買商品時，亦可選擇包裝少之物品或自備購物袋，包裝重複使用等策略。垃圾減量（減廢），人人有責，如果我們能一直提醒自己，養成良好的環保習慣和價值觀，能夠 Reduce——減少生活所需，減少廢棄物的產生，不浪費；Reuse——再利用，重複使用；Recycle——資源回收、再製，我們整個社會，人人減少一半的垃圾量，成效就非常可觀。我們的環境問題也可以減少大半了。

第三節　何謂Reduce？何謂Reuse？何謂Recycle？

花蓮有一位區紀復先生，教導人們如何實行簡樸生活。的確，人能知足才會快樂。把生活的慾求降到最低，人會因無慾而滿足、快樂。也會驚訝，其實人並不需要太多的物質享受。如果我們每個人都學習少用一半的水，就不需要再建水庫。如果我們學習少用一半的電；工廠也提高效率、節約一半用電，我們就不需要再建發電廠。這些舉手之勞或稍加節制就可作到的事，其實並不困難。我們不需浪費，就可節省許多能源。這完全是觀念問題，由腦到手的距離不遠，把慾求降低（Reduce），把觀念化爲行動才算知行合一。

另外一個例子是多搭乘大眾運輸系統，或騎腳踏車、步行，不僅可以強身，還可以節約能源、減少污染。有人作過統計，如果十年之中，每天花兩百元的計程車錢，比起買一輛汽車更爲省錢。車子會折舊，需要加油、繳稅，還要找停車位，甚至買停車位。當然，自己有車比較方便，機動性也較高，只是，如果我們由環保的角度來看，買車並非絕對必要。尤其在大都會區，以台北市爲例，捷運、公車四通八達，而停車位一位難求，開車有時候反而不方便。

Reuse是我們祖先向來就遵循的用物原則。現代人發明了許多用完即丟的東西，這和大自然的原則是相違背的。不久前，我去借住朋友家一陣子。要看時間，所以向他們借用了一個鬧鐘。沒想到過了一天，鬧鐘不走了。我拿去問女主人：「這個鬧鐘壞了，它不走了。」女主人笑著說：「它是需要每天上發條的，沒壞。」她邊說邊上緊發條，鬧鐘果然又走了。我很驚訝，已經是廿一世紀了，仍然還有人保留了這種不用電池，而要每天手動上發條的老古董。奇的是，那個鬧鐘還走得很準（只要記得上發條）。

有一次靜宜大學的陳玉峰教授講到他結婚時買的一個塑膠水瓢，用了十幾年。搬家搬了很多次，仍然在用那個舊的水瓢。也不是買不起新的，而是它好好的，也沒有壞，還可以再用，何必丟掉它再買一個新的呢？有時候在比較偏僻的路邊，看到附近的居民所丟掉的家具，和新的一樣。現在全球不景氣，或許這種喜新厭舊的現象會稍微減少一些。我們平常生活所用的器皿、家具，能用則用、當省則省，是一種環保美德（如圖 9-5 廢輪胎再利用爲垃圾桶）。至於資源回收（Recycle），這是大自然運作的法則，自然界沒有不可回收的垃圾，每一種物質，每一種生物，都在物質的循環中生生不息。以水爲例，從有地球以來，水在生物體內和生物體外的水體中就一再的循環再利用，科學家認爲水的總量

圖 9-5　廢輪胎再利用成垃圾桶

在地球上並沒有增加或減少，這眞是奇蹟。聰明的人類發明了許多並不進入這種物質循環的物件，打破了自然界的規律。對於這種種現代科技的產品，我們就必須物盡其用（Reuse＋Recycle），當它堪用時繼續使用、修復使用（Repair＋Reuse）。當它眞的不堪用時，集中回收，使它能重生（Recycle）再成爲另一種物件製造時的原料。特定的樹種可以砍下來製造木漿造紙，這種原生紙用過之後可以回收製成再生紙，如此可以回收再製4～5次。回收一噸的廢紙，可以拯救20棵長成的樹，也可以製造4,200卷衛生紙。

有人提出五R：減量（Reduce）、再利用（Reuse）、回收再生（Recycle）、再修復（Repair）、拒絕使用（Refuse）。「拒絕使用」例如：拒用衛生筷或拒用立可白。立可白的立即揮發氣體有毒，應少用、或在通風良好之處使用、最好能夠不使用。而衛生筷的來源是熱帶雨林或本島的竹林，當大量砍伐森林時，會造成生態上的失衡。運送木材時，又加了防腐劑，而衛生筷的製作過程，加了硫磺或雙氧水漂白，並不衛生。丟棄免洗筷，又製造垃圾。所以自備筷子是較爲環保、健康的。

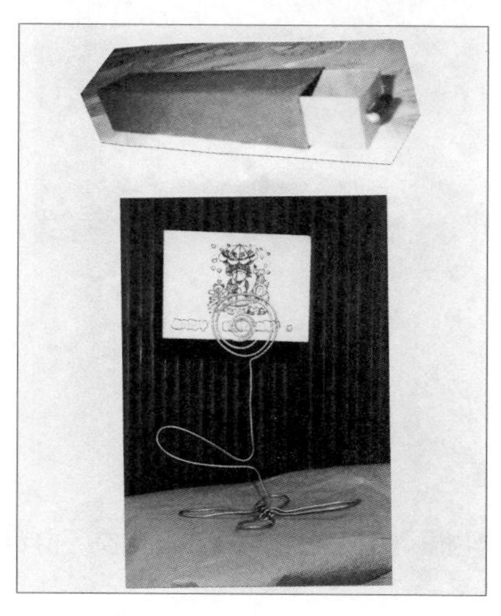

圖9-6　廢棄物再利用(一)（許文滋、王雅文、林寶馨提供）

圖 9-7　廢棄物再利用㈡（許文滋、王雅文、林寶馨提供）

圖 9-8　廢棄物再利用㈢（許文滋、王雅文、林寶馨提供）

第四節　爲什麼要「資源回收」？

有人說：「如果我們像動物一樣過活，就不會產生垃圾了。」的確，作爲一個現代人，免不了要產生垃圾，甚至無時無刻都在製造垃圾，如今我們已被各式各樣的垃圾和它所衍生的問題包圍或毒害，不可不作因應，來減少垃圾問題。其實，最重要的是不製造垃圾和垃圾減量，其次則是資源回收。因爲大部分所謂的垃圾，是可以回收成爲再次生產利用的資源（圖 9-9）。

圖 9-9　垃圾分類回收

現代人需要學習過簡樸的生活，減少不必要的垃圾製造，同時，可用的東西重複使用，戒除「喜新厭舊」的習慣。如此，可以延長東西的使用年限，減少浪費，也減少垃圾。如果不用、不要的東西要丟出家門，可以檢視一下，是可以回收的或不可回收？可回收的物質就可分類投入紙類、塑膠類、鋁箔類、鐵鋁類或舊衣回收箱等地方，回收再利用或再生產。不可回收的廚餘，可做堆肥，用來種植，或作清潔劑的代用品，最後不可回收的垃圾，就只好丟到垃圾桶去了。

圖 9-10　萬年垃圾保麗龍

第五節　台灣是全世界唯一使用木漿來製造衛生紙的地方

在台灣，衛生紙的使用非常普遍，一般有洗手間所使用的長方形或捲筒形的衛生紙，較柔軟、韌性亦較強；長方形的面紙；以及方形、有花紋或各種顏色的餐巾紙；和廚房用的、較厚、較大張的紙巾等。衛生紙的使用，有時候甚至取代了以前的手帕和抹布。台灣的衛生紙，或許是因爲早期進口的衛生紙，打著「處女紙漿」的招牌，標榜是原始木漿製造的，直到現在，所有的衛生紙也都是使用木漿來製造，而非使用回收的紙。木材打成木漿，直接製成衛生紙，用過一次之後，就只能丟掉，無法回收。這是很可惜、很浪費的作法。其實衛生紙是可以用乾淨的回收紙，打成紙漿再加以消毒來製成。如此，就可以延長木材→木漿→紙→紙漿→再生紙→紙漿（→再生紙→紙漿）→衛生紙→垃圾的使用次數。一般而言，紙張可以回收再製4～5次，直到紙張的纖維太短，無法再展成一張一張的紙爲止。

第六節　垃圾何處去？

在台灣，垃圾的歸宿主要可分爲衛生掩埋法和焚化爐焚燒法兩種方式。每人每天平均垃圾量以 1.12 公斤計算，全台灣有兩千三百萬人，每天就有 25,760 公噸垃圾。再加上事業廢棄物，台灣每年所製造的垃圾平鋪在每一吋土地上，可以堆到將近兩公尺的高度。

目前台灣預計有 21 座垃圾焚化爐運作處理垃圾，民國 89 年運轉的有 12 座，當年共焚化 2,659,651,61 公噸垃圾。各焚化爐每日可以處理的垃圾量從 300 噸到 1,800 噸不等，最普遍的是 900 噸/日（如台北內湖、高雄市區、台中市、台南市等）。

然而這種焚燒未經過垃圾機械分類與資源回收的焚化前處理。塑膠類製品多含有氯，燃燒會產生戴奧辛（Dioxins）或多氯聯苯（PCBs）等毒性物質。熔融之後的塑膠類或金屬及鐵鋁罐等，堵塞住火格子，或其殘渣附著爐體，減損焚化爐使用的年限（一般使用年限應在 15～20 年之間）。

至於送到垃圾掩埋場的垃圾，並不能就此眼不見爲淨。除了極度貧窮的地區之外，全世界各地都有類似的困擾，垃圾的量愈來愈多；而掩埋之後慢慢滲透的污水，污染地下水源；其中的重金屬或有毒物質，也會使土壤和水源受到波及，污染範圍不斷擴大。這是各國都很頭痛的二次污染。

台北市羅積康先生建議，垃圾掩埋場應使用 2～3 層的火山黏土來吸附污水中的重金屬陽離子，使垃圾掩埋場中的重金屬不致流出場外，造成二次污染。

中興大學的陳國成教授建議，以「全濕式垃圾壓榨處理方法」，用破碎分類多元化，先回收可再利用的資源，並將分離後的可燃物焚化，建立「廢物能源」發電廠；而溶洗出的有機物經污水處理後，生產生物污泥作爲堆肥；塑膠類則以風力來選取，再製成可用的塑膠器具等；無機的泥沙及其他渣滓可用衛生掩埋。如此可以減少許多的垃圾掩埋場，也可延長掩埋場的使用時限，或者充分利用垃圾改良海埔新生地的土壤。

第七節　廚餘問題

廚餘就是剩菜飯、果皮、菜屑等，有人說餿水，閩南語叫「ㄆㄨㄣ」，但不易爲微生物所分解的紙類、金屬、塑膠、玻璃等，不屬於廚餘垃圾之處理範圍內。在台灣地區，依據統計廚餘垃圾約占家庭垃圾的36～64%，若能妥善處理廚餘，使其成爲有用的有機肥料，不但能減少垃圾量，使其變成有用的資源，亦可減少因焚化而產生的空氣污染，以及延長垃圾焚化爐和垃圾掩埋場的壽命。

一、廚餘妥善分類之好處

(一)改善家庭環境衛生

廚餘垃圾經妥善處理後，垃圾則不會產生惡臭，可改善廚房之環境衛生，減少蟑螂、蚊蠅、螞蟻及老鼠等病媒之滋生，降低病媒所傳播病菌之感染機會。

(二)減少家庭垃圾量

廚餘製作成有機肥料，垃圾量將可減少 75%以上，廚餘回收後，垃圾量減少，垃圾費隨袋徵收後，可節省垃圾袋費用，輕鬆倒垃圾。

(三)降低垃圾處理成本

廚餘垃圾經分類處理後，不會污染其他有用之回收資源垃圾。廚餘轉化為有機肥料，廚餘不進入焚化爐，可節省許多輔助燃料費用，延長焚化爐之壽命及使用效率。

(四)改良土壤之酸化

若將廚餘轉化成的有機肥，施用在土壤後，減少化學肥料用量，可改良土壤物理與化學性質，以及改善土壤酸化情形。有機肥亦為土壤的改良劑，有助於有機農業之推展。

(五)天然的除臭劑

廚餘製作時所滲出之廢水，可用來沖洗馬桶，作為除臭劑之代用品，以代替化學合成的除臭劑，它有良好的除臭效果，既減少二次公害，又可延長化糞池的使用年限。

二、廚餘分類處理之困難

目前推動民眾進行廚餘分類處理之困難：

㈠民眾習慣不易改變，且很多民眾覺得廚餘垃圾分類很麻煩。但已有許多縣市已實施廚餘回收，如台中市垃圾蒐集兼回收廚餘（如圖9-11）。

㈡部分民眾因爲由廚餘製成之有機肥，無適當去處，因而降低廚餘分類處理之意願。

圖 9-11　廚餘回收

三、廚餘堆肥法

廚餘製成堆肥的方法有許多不同方式，一般家庭或社區可依不同堆肥之特性，選擇較適當的方式。有自然堆積法、漕式堆積法、桶式堆積法、掩埋法等，有興趣者（廚餘如何製成堆肥之DIY）可參閱主婦聯盟環保基金會及宜蘭縣環境保護聯盟編印之有機肥料的製作與使用……等網站資料，均有詳實的介紹。

問 ■ 題 ■ 與 ■ 討 ■ 論

1. 你介意使用二手的用品、衣物、鞋子嗎？
2. 你如何減少產生垃圾量？
3. 你認為垃圾處理方法中，掩埋法或焚化法哪一種方法較好？指出各有的優缺點？
4. 舉例說明廢物再生（Regeneration）的例子？
5. 假如廢棄物不實施資源回收，我們的環境會變成如何？
6. 你對垃圾費隨袋徵收的看法？
7. 農地固體廢棄物回填，所引發的問題（銅木瓜），應如何解決？
8. 你對跳蚤市場的看法？

第**10**章

噪音與生活

第一節　噪音的概念

何謂噪音？是一種主觀或客觀的概念，屬於感官的公害。凡是不想要的聲音、討厭的聲音，都可以稱之爲噪音。例如：沿街叫賣的廣播聲、打樁聲等，有時連手機鈴聲亦屬之噪音，總之，噪音是令人心理上或生理上感到不舒服的聲音。

一般我們以分貝數（dB）來表示聲音的強度大小，也就是聲波施加在耳膜上的壓力。通常以超過 80 分貝以上的聲音爲噪音。噪音可分聲音過響、不太響、不愉快聲以及無影響四類，聲音之分類等級如下表：

分貝數	音　源	說　明
10	風吹樹動聲	聽得到
30～40	低聲說話	
60～70	一般說話	
80	吸塵器	很吵
80～90	繁忙的十字路口	不舒服
100	印刷機	
120	雷聲	
110～125	迪斯可舞廳	
120～150	噴射機起飛	很不舒服

第二節　噪音的來源

一、交通工具

凡交通工具（包括汽機車、火車、飛機等）所發出的聲音，其聲源不固定，汽車的噪音除喇叭外，排氣管、剎車……等亦屬於噪音，拔掉消音器的飆車族亦是。

二、工廠噪音

包括引擎振動、機械運轉振動、風扇、排出（抽風）、電鋸等聲音。

三、營建工地噪音

建築工地打樁、拆除、灌漿、掘土、壓路機、施工運送等產生的噪音。

四、娛樂營業場所

舞廳、餐廳、飲茶（傳統廣式）、夜市、PUB、DISCO、MTV、卡拉 OK 等營業場所。

五、家庭生活

麻將聲、裝潢敲打、家庭音響、洗衣機等聲音。

六、其他擴音

例如：沿街叫賣、商業宣傳、迎神賽會、婚喪喜慶及廟會之擴音器……等。

第三節　噪音的傷害

由於噪音會妨礙人類的休息和降低工作效率等，一般的噪音傷害有下列幾項：

一、對聽力的損傷

噪音對聽力的影響可分急性傷害和慢性傷害兩種。短時間暴露在高噪音環境下，例如：爆炸等強大的聲音，當恢復寧靜後，聽力又會復原。若長時間接觸到高頻率噪音（例如：打挖馬路工人）日積月累，聽力會嚴重受損，頻率高會造成聽力完全喪失，甚至於永久性損害。

二、對睡眠的影響

噪音會影響人類睡眠的時間與品質，特別是精神敏感的人、老人或病人。

三、對情緒的影響

噪音會影響人們的情緒，以及工作效率，造成生活緊張、恐懼、焦慮、壓迫感、煩躁、意志力不集中，引起激烈情緒行為及困擾。

四、對溝通的干擾

聲音太大，影響彼此的溝通。因為聲音有遮蔽作用，人耳在二個聲音下，只能聽到較大的聲音。

五、對生理的影響

噪音影響人類內分泌失調、心跳加速、血壓升高、耳鳴、頭痛、頭暈等生理失常現象。

第四節　噪音的防治

噪音的防治可分積極方面與消極方面。

一、積極方面

不製造噪音。為提昇人民生活素養，宣導民眾應互相尊重，不製造噪音，或適度地調整擴音設備音量，例如：公園晨間活動聚會時或對逝者之追思、寵物叫聲、汽車空轉聲，以及在教室或音樂廳時，手機一定關機等。都需自我節制不製造噪音，以提昇國民素養。

二、消極方面

㈠遠離噪音

離開不必要的噪音源，這是消極的方法。

㈡利用吸音或消音設備

利用吸音材料，使聲音不反射，降低噪音影響，例如：KTV、PUB等娛樂場所，應加強室內、外之吸音或消音，或使用隔音設備，以免聲音之擴散。交通工具，如汽車、摩托車宜裝置消音器（Muffler）。

㈢隔絕噪音

聲音是藉空氣或固體的傳播。設置隔音設備，可降低噪音的效果，隔音設備如耳塞、耳罩等。又植樹、隔音窗及隔音牆等都有隔音效果（歐美都會區的住宅使用雙層玻璃窗，即具有隔音、保溫雙重效果）。

第五節　個人行爲方面的注意事項

在噪音生活中應注意下列事項：

㈠工作時使用防音、防護具、耳罩等以保護工作者聽力免於受損。

㈡定期檢查聽力，以確保本身的安全。

㈢減少長期暴露在高分貝的環境，例如：隨身聽的使用，工作之輪調、改善工作環境等均是。

㈣以手掩耳，遠離噪音源，以減少聽力的負擔。

㈤移風易俗，由本身做起，婚喪喜慶中如擴音器的調整，社區的安寧，須大家維護。總之，噪音的污染，屬於感覺的公害，人類居住環境品質的維護及安寧的生活空間有賴大家的努力。

問▪題▪與▪討▪論

1. 住家處所產生鄰居噪音時，應如何處理？
2. 隨身聽對聽力有影響嗎？你有何看法？
3. 若新購房子，你對噪音防止（隔音裝置）有何看法？
4. 有時傷害已造成該如何？（聽演奏會時手機突響起）

第 11 章

環保與生活

人類爲了生存，必須依賴食物、陽光、空氣與水，當我們享用這些大自然環境所提供生活物質的同時，人們應對大自然抱著關懷與尊重的心，使我們的生活無憂無慮。環保生活或所謂生活即環保，是現代人必須了解的課題。既然生活離不開環保，日常生活中所有的作息，食衣住行都與環保相關。生活是一種習慣、態度、風格，我們生活環境的品質，是靠自己的維護與抉擇，需要大家一起來的。唯有在環保概念下，生活才不虞匱乏，才有安全感，才有舒適感，地球才能永續生存。我們的社區、學校、辦公室、家庭以及個人如何實踐環保生活呢？（圖 11-1 至圖 11-8）

圖 11-1　社區廣告隨意張貼(一)

圖 11-2　社區廣告隨意張貼(二)

圖 11-3　社區隨意傾倒垃圾

圖 11-4　社區夜市之髒亂

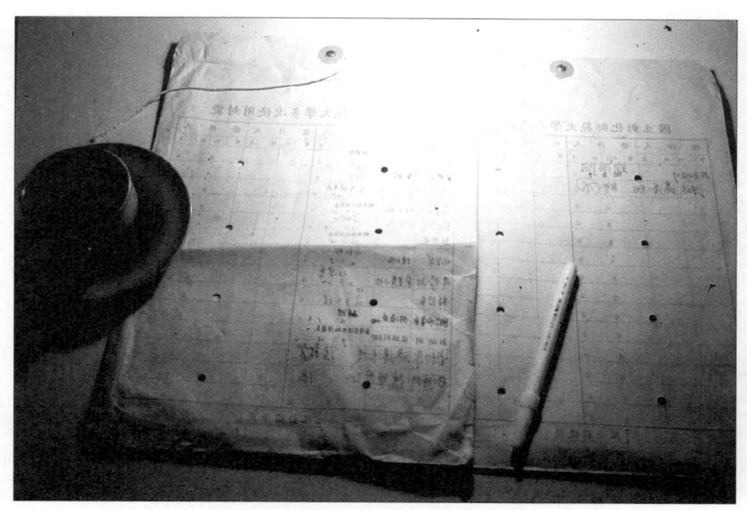

圖 11-5　學校公文袋重複使用

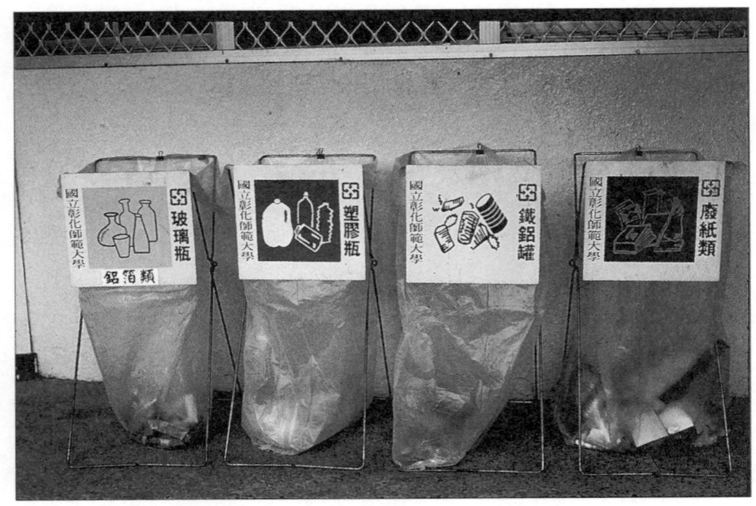

圖 11-6　學校實施垃圾分類

圖 11-7　市容廣告的污染(一)

圖 11-8　市容廣告的污染(二)

第一節　社區環保生活

隨著生活水準的提昇，民眾對居住周圍的環境品質要求也愈來愈高。多年來，大家全心致力於發展經濟，忽略了生命的價值、生活的品質以及民眾的健康，累積下來的是惡劣的空氣、水以及垃圾污染等環境問題，全國各地反公害的自力救濟與抗爭，此起彼落。社區是民眾的生活所在，社區之環保與社區的成員息息相關，所謂「生命共同體，就從社區環保做起」，讓社區動起來，既可美化環境，且可使社區成員彼此感情更融洽，也能凝聚社區的向心力，一舉數得。

一、當前社區環境問題

社區環境是國家、城市之縮影，爲避免社區的環境品質日趨低劣，民眾首先應先了解自己社區環境的問題，而有關環境問題，往往大同小異。茲分述如下：

㈠社區之垃圾問題

社區的居民應爲自己產生的垃圾負責，社區附近垃圾場、焚化爐、回收站等問題，困擾著不少社區，應妥善處理。

㈡資源回收問題

社區實施資源回收，容易立竿見影，因爲社區規模比一般獨門獨院的居民較大，而且又有組織，實施資源回收效益較高。

㈢髒亂問題

社區內交通之問題，如汽機車之停放等，特別是舊社區，一般都無停車位，易造成社區的髒亂、混亂。

㈣噪音問題

由於社區、大樓、住宅密集，活動空間狹小，社區居民常感受到噪音污染。

㈤社區的污水問題

許多社區污水的排放，未經妥善規劃與處理，造成嚴重的水污染問題，以至於成爲公共衛生上的問題以及傳染病之根源。

㈥社區民眾之共識問題

社區內對環保工作的共識，均因人們的自私、公德心而成爲複雜難題，如何推動環保工作，有賴居民的共識。

㈦其　他

如社區的環境衛生、公廁、綠化、美化等問題。

二、如何在社區推動環保工作？

社區環保工作的推動，在開始時，必定是困難重重的，以筆者居住台中市的大樓爲例，市政府推動垃圾回收政策，迄今已三年餘，居民對資源回收以及分類，成果迄今不彰，常在回收資源中，發現一般不能回收之垃圾，實有待加強。到底社區環保應該如何推動呢？其推動的關鍵要素如下：

㈠熱心人士發起

所謂「萬事起頭難」，因此必須先有一、二個熱心人士帶頭發起，例如：熱心的里長、住戶社區的委員會或熱心的家庭主婦或退修的公教人員等都是人選。

㈡健全的社區組織

環保是一項持續的工作，需有固定的組織，整合社區的人力和資源，並且透過宣導才能擴大參與，建立社區居民參與公共事務的管道。

㈢擬訂一個完善簡易可行的計畫及實施方式

社區內居民的素質不一，配合的程度也不同，因此訂定一個完善的計畫，以及讓居民都能接受並且樂意配合的辦法是有必要的。

至於社區環保工作的具體措施如下：

㈠加強宣導工作

不斷加強環保之宣導，透過住戶委員會、里民大會、私人拜訪等活動，教導社區居民環保之重要，如何做垃圾分類、資源回收，特別是對新搬來的鄰居之宣導工作。

㈡舉辦相關活動

藉著環保相關活動，以增進社區居民之情誼，也增加爾後環保活動推行之共識。例如：舉辦社區環保跳蚤市場、集體整理環境、小朋友環保漫畫、作文比賽、廢物再利用觀摩等等活動。

㈢徹底執行垃圾分類與資源回收工作

在社區設立回收桶，養成居民將垃圾分類及資源回收之美德，並配合政府的措施辦理資源回收工作。

第二節　學校環保生活

學校環保工作是對環境問題的一種長期培育性的做法，特別是在中小學的教育階段。「環保教育要從小做起」、「環保問題之根本在教育」的道理就在此。透過教育過程，讓學生對環境關心，獲得環保的知識與技能以及生活價值觀，並結合家庭、社區與社會，帶動生活品質的提昇。

一、學校現存的問題與解決

㈠校園的資源回收

校園是一社會的縮影，學校的垃圾資源回收首當其要，學校要建立回收體系，徹底執行垃圾分類，以便將各類可供回收利用的寶特瓶、鋁、鐵罐、紙張等資源加以回收（實施計畫與辦法詳見下節，其回收的方式與注意事項與一般資源回收另見第九章）。

㈡校園餐廳之廚餘垃圾

學校廚房、餐廳及師生沒吃完的剩菜飯、免洗餐具及一般性垃圾等部分。一般性垃圾可和學校一般性垃圾併同處理，進行分類、回收及處理，免洗餐具，最好儘量鼓勵師生少用免洗筷子，亦請師生自備免洗餐具。若使用免洗餐盤及碗，應清理乾淨後，再堆疊起來，捆綁好，以減少垃圾清運體積，最好由相關廠商回收（註：環保署考慮自民國91年7月後，學校禁止使用保麗龍等免洗餐具）。廚餘的處理原則請同學將剩菜飯倒到廚餘儲存桶，廚餘處理，如有人專門回收餿水、廚餘來飼養豬隻，或加工製造肥料，則優先由其帶走處理。其次，考慮將廚餘中可以生物分解的剩菜飯、果皮和校園中的樹枝、落葉，一起進行堆肥處理，堆肥處理是相當符合環保的處理方式，值得在校園或家裡的庭園中推行。

㈢校園的節約用電及用水

校園環境也是培養學生節約用電與用水的好場所。特別是水、電費用的支出，常造成學校行政經費上的極大負擔，所以如何節約用電、用水值得深思。學校可擇一日全校暫停用水、用電的活動，讓學生體驗缺水、缺電之感受。

1. 節約用電：空調設備、照明設備、電梯設備、辦公儀器及教學儀器等均宜考慮。

2. 節約用水：內容含師生的飲用水、清潔用水、澆灌用水、學校游泳池用水等項目。

3. 雨水回收再利用：已有少數學校回收雨水，提供衛生設備或澆花木植栽之用。

4. 教導師生對飲水的正確觀念：

(1)養成「口渴喝白開水」的良好習慣。

(2)學校應提供衛生安全之飲水機及白開水。

(3)改善飲料飲用行爲及習慣，學校福利社應禁售垃圾飲料。

(4)飲用水與一般用水應分開，並節約用水，養成隨手關水的習慣。

(5)將逆滲透機處理過之廢水加以蒐集，供作盥洗或灌溉花草樹木之用。

(6)少喝含糖的鋁箔包及保特瓶包裝之飲料，既爲健康，亦可減少垃圾量。

(7)飲水時應自備茶杯，少用免洗紙杯。

(四)校園之廁所環境

學校的廁所是師生日常生活中不可或缺的一部分，廁所乾淨與否，影響師生的身心健康與學習情緒，亦代表國民素質之高低。廁所之設置要點：

1. 要注意坐落的位置方向。

2. 儘可能採用現化廁所，省水、蹲式馬桶爲原則。

3. 可設置抽風機。

4.可考慮廁所內用水問題，如使用省水式龍頭。

5.廁所的地面、牆面問題，方便清理及安全爲首要重點。

6.廁所的數量問題、空間問題，以及男、女廁分配比例等。

7.指導師生正確使用廁所與清理。

8.廁所內的美化、綠化問題。

㈤校園的綠化與美化

校園是全校師生共同學習與生活的場所，其環境的好壞，不僅關係著全體師生的身心健康，也直接影響到教學活動的品質和成效，因此校園的綠化、美化工作頗受各級學校及教育主管當局的重視。

1.綠化、美化校園之功能：

⑴淨化生活環境，增進學習環境。

⑵促進師生之身心健康。

⑶發揮環境教育的功能。

⑷美化生活品質。

2.綠化、美化之原則：

⑴符合生態原則：校園需專家事先規劃及整體設計。

⑵符合環保原則：常綠、落葉、本地原生種植物等選擇。

⑶符合經濟原則：容易維修、耐用等問題。

⑷符合教育原則：配合教學資源，如設置生態園區、環境步道等及班級之校園的認養。

二、對校園環保的建議

有鑑於校園環保的工作日益重要，以下就自己的看法與彙整相關學者的意見，提出下列幾點對校園環保的建議事項。

㈠成立校園環保教育中心

擬定校園環保的教學計畫與實施的工作事項，並且推動校園環保的活動與發展環保教育教材，必要時學校可以設立環保小組。

㈡加強環境保護與生活教育

指導學生栽植花草樹木、定期維修，做好對花木的維護工作，並藉由生活教育課程的安排，宣導垃圾分類、資源回收及節約能源。

㈢資源回收工作

學校可透過消費合作社、或社區內的有關單位、政府機構、私人廠商……等，辦理資源回收的工作，讓資源能再利用。

㈣實施垃圾分類，設置資源回收桶

學校內設置將各項資源分類回收，如塑膠、廢紙、金屬、玻璃、非資源……等回收桶。同時，也要設置電池回收桶，由學校統一送至廢電池回收之地點。

㈤規劃教學參觀

讓學生參觀環保硬體措施，比如垃圾掩埋場、焚化爐、污水處理場等，讓學生了解環保工作之實際流程，體驗環保的重要性，並可加深對環保的體認與意識（例如：台中市某幾所私立學校，新生訓練即安排參觀文山焚化場，學生反應效果甚佳，即爲明例）。

㈥體驗「缺水」、「缺電」生活

讓學生力行節約用水與用電，部分學校安排「缺水」日，除飲用水外，讓學生體驗沒有水的生活，造成生活的不便，致使學生平日養成應節約用水、用電的習慣。

(七)提倡購物自備容器

避免使用塑膠袋或保麗龍等包裝，學校合作社販賣部或餐廳，應該禁止提供塑膠袋、保麗龍（碗、盤）、免洗筷子等餐具。讓學生自己準備購物袋、飯盒、筷子或使用不銹鋼餐具。

(八)提倡使用再生或再利用物品

鼓勵學生、教師使用再生紙用品或廢物再利用物品，達到垃圾減量及資源再利用的目的。

(九)鼓勵教師使用環保教材、教具

教師應該使用有關再生資源的教材設計，例如：蒐集廢棄塑膠瓶作爲訓練學生環保之教材，或作環保創意之比賽。

(十)制訂環保公約

教師可與學生一同制訂教室內的環保公約，譬如：環保楷模學生的表揚、拒絕噪音的公約、亂丟垃圾的罰則、資源回收的獎賞、實施資源分類的條約……等。

(土)舉辦專題演講、學藝競賽等

邀請校外環保志工或環保人士蒞臨學校演講，介紹及宣導環保新知及作法，另外也可舉辦以環保爲主題的活動（譬如：作文、書法、漫畫、壁報……等）。

三、學校環保工作之策劃與實施

校園環保工作一般由學校的衛生組統籌策劃，再由各處室配合、支援、動員，為環保盡一己之力。如彰化縣××國中之實施計畫（附件一），且該校另設有環保教育工作項目，請酌參。

附件一

彰化縣立××國中『環保教育』實施計畫

壹、依據：略

貳、目的

一、透過教育過程提供師生、社區居民獲得保護及改善環境所需之知識、態度、技能及價值觀。

二、以人文理念和科學方法致力於自然生態的保育及環境資源的合理經營，以保障人類社會的永續發展。

三、倡導珍惜資源，確立經濟發展與環境保護互益互存之理念，使全民能崇尚自然，實踐節約能源、惜福、愛物及減少浪費的生活方式。

參、實施要項

一、組織環保護小組：校長為小組召集人，各處室主任為當然成員，訓導處為執行單位，總務處為協辦單位，每月召開一次會議。

二、加強環境教學活動

1. 鼓勵教師設計環保教材。
2. 鄉土性環境教育教學之研究與實施。
3. 辦理環境教育戶外教學活動。
4. 辦理輕聲細語運動。
5. 配合其他課程如童軍、工藝、家政、美術、生物、健教、地科等各科實施環境教學。

6. 環境輔助教材及資料之發放、運用及宣導。

7. 設立環境教育櫥窗，宣導環境教育。

三、辦理環境教育週系列活動

1. 懸掛紅布條、標語加強宣導。

2. 週會聘請專人演講環保教育。

3. 班會研討環保工作之落實。

4. 舉辦作文、壁報、漫畫、書法比賽。

5. 班級整潔比賽。

6. 朝會宣導環境教育。

7. 認識校園植物。

8. 舉辦環保常識競賽、有獎徵答活動。

四、加強校園美化、綠化

1. 配合總務處進行校園整體規劃。

2. 學校劃分若干班級環境清潔責任區，平均分配給每位同學，落實「人人有專責，處處有專人」之目標。

3. 實施公物保管制度，確實維護公物。

4. 將班級環境清潔工作列入生活教育競賽。

5. 組織衛生隊配合值週導師評比各班級環境清潔工作。

6. 配合總務處廣植各種花木並標示名稱、產地、用途，以配合教學需要。

7. 舉辦教室美化綠化環境比賽。

8. 配合全縣大掃除日實施大掃除比賽，加強環境清潔工作。

9. 不定期實施班級勞動服務，美化、綠化校園。

五、實施垃圾減量及資源回收工作

1. 設立垃圾場處理非資源性及巨大垃圾。

2. 設立資源回收場，回收鋁、鐵、紙、塑膠、玻璃、寶特瓶等有用資源。

3. 實驗室之廢棄物作單分類處理。

4. 便當盒、剩菜、剩飯回收。

5. 獎勵分類與回收成績優良班級及同學。

六、結合社區推動環境保護工作

1. 配合家長會及親職教育活動以宣導環境教育至社區各角落。

2. 定期實施社區服務工作，清理社區街道環境，維護社區整潔。

3. 認養河川，維護整理河川景觀，建立一個親水的環保文化。

七、辦理教職員環保教育各項研習活動

1. 聘請專家學者實施專題演講。

2. 鼓勵教職員參加各項有關當局所舉辦之研習、參觀活動。

3. 觀賞環境教育有關影帶。

八、執行辦公室做環保及綠色消費工作

1. 依環保署研訂之「辦公室做環保執行規範」實施。

2. 使用再生紙及環保標章產品。

3. 辦公桌隨時保持整潔。

肆、預期效益

一、校園保持清新整潔，發揮境教功能。

二、人人愛護環境，珍惜資源，促使青山長在，綠水常流。

三、由外在環境的整潔進而涵養心靈環境的清純，創造祥和的社會。

伍、經費來源

一、本校編列經費支付。

二、運用社會資源。

三、運用資源回收款項。

陸、考核

一、每月召開環保小組會議時做自我評鑑並檢討改過。

二、每年定期接受上級考核並呈報結果資料。

柒、獎勵

一、執行本項計畫有功教師報請上級遴選表揚。

二、推行本項計畫優異學生由學校頒發獎狀或獎金鼓勵。

捌、本計畫呈請校長核定後實施。

茲就上列「環境教育」實施計畫中列舉部分要項說明如下：

㈠推行「垃圾減量資源回收工作」

主要工作是將垃圾依其性質，分爲下列六種：

1. 可燃性垃圾：木竹類、草類、纖維、布類、廚餘、落葉、紙屑。
2. 不可燃性垃圾：陶磁、磚玉、土砂、玻璃、貝殼等。
3. 不適燃性垃圾：塑膠、保麗龍或其他相類之廢物等。
4. 資源垃圾：鐵罐（廢鐵）、鋁罐、保特瓶、塑膠容器（礦泉水瓶）、鋁箔包、廢紙等。
5. 巨大垃圾：廢家具、廢電視機、廢冰箱或其他巨型廢棄物。
6. 有害垃圾：水銀電池、溫度計、燈管、電視機 IC 板或其他危險性物品。

尤其是「資源垃圾回收」工作落實校園各角落、辦公室以及各班教室。並有衛生糾察及值週導師、訓導處組長，隨時至各班級檢查登記，做爲班級清潔競賽的主要項目之一。

㈡推行「個人環境清潔區域督導」實施辦法

各班清潔責任區域，得詳細劃分若干責任區，平均分配每位同學，以達成「人人有專責，處處有專人」的目標。經由值週導師與衛生糾察檢查，若未落實、未執行，則扣其班級清潔分數每人一分，一週內連續三天以上被登記者，由訓導處記警告處分，並實施假日返校服務加強輔導。

㈢設置衛生糾察

由訓導處遴選熱心同學擔任，在每節下課，及打掃時間巡查登記：亂丟垃圾、打掃不確實、資源回收不確實的班級和學生。

㈣推行「教室美化綠化環境比賽」

各班在走廊、教室排放盆栽，種植各類花木、盆栽並插上植物標示牌，標示植物名稱及認養同學，並舉辦認識植物比賽。藉此養成學生美化、綠化環境習慣，培養正當休閒活動，提昇學生生活品質。

依據上述計畫，該校設有下列環保教育工作細項：

㈠組織環境保護小組

由校長召集學校訓導人員、行政人員及教師代表，分爲數組，各司所職（環境規劃組、教學組、活動組……）每月召開一次會議，協調檢討各組工作事宜。

㈡加強環境教學活動

由教師設計環保教材、戶外環境教學，設立環境教育廚窗，環境輔助教材，及資料的發放、運用及宣導。

㈢辦理環境教育週系列活動。

㈣製作電子看板、標語加強宣導

安排專人演講、班會研討，舉辦作文、壁報、加強校園環境清潔工作。每個學生有自己負責的環境責任區，學校並組織衛生糾察檢查，每月實施全校環境大掃除。

㈤加強校園美化綠化工作

校園及廁所環境美化、綠化，土地透水化，植物標示產地名稱，並舉辦有關競賽。

㈥實施垃圾減量及資源回收工作

設立資源回收場、及非資源回收場，回收各類垃圾。還有實驗室廢棄物分類，及便當盒、剩菜、剩飯回收。

㈦結合社區推動環境保護工作

定期實施社區服務，清理街道，認養河川，配合家長會和親職教育活動，加強宣導社區環境教育。

㈧辦理教職員環境教育各項研習工作

聘請專家演講，舉辦理境教育研習、參觀，觀賞環境教育有關錄影帶。

㈨執行辦公室做環保及綠色消費工作

倡導教師使用再生紙及環保標章產品，保持辦公桌清潔。

㈩辦理心靈環保各項活動

成立藝文展覽室，舉辦心靈環保藝文競賽，執行正心靜坐活動，淨化學生心靈，舉辦音樂性活動等。

第三節　家庭環保生活

家庭是人們活動的重要場所，環保生活與家庭息息相關，茲分以下幾方面來探討：

一、一般居家方面

家庭中的節約能源方法：

㈠冷氣機之使用

1. 儘可能不使用冷氣機，或以電扇代替冷氣。自然溫度對身體健康有幫助。
2. 溫度設定要適當，以室溫 28℃爲宜，因每提高 1℃就可省下 6%的電量。
3. 購買省能型的冷氣。新型冷氣機通常會標示能源效率值（EER），EER 值愈高，愈省電。
4. 避免冷氣機的噸位太大。冷氣機的噸位不要超過實際需要，冷氣機的噸數要適合房間大小，且開啓時要緊閉門窗，並將通風口的障礙物移開，使冷氣能從上往下吹送；如果和電風扇同時使用，可加強冷氣的效果。
5. 白天可利用窗簾、百葉窗等遮光設備，以減低冷氣的消耗量。
6. 冷氣機要安裝在不受日光直射的地方，且要加裝遮陽蓬，避免日曬雨淋，以延長機器壽命，根據研究，若在室外裝機，且有裝遮陽設備，可以增加 10%之運轉效率。
7. 儘量調高冷氣溫度計所設定的溫度。室外與室內溫差不要太大，室內溫度設定在 28℃左右，不但令人舒服，而且節省能源。
8. 剛開冷氣時，溫度不要設得太低。冷氣剛開時，溫度若設得太低，這樣並不能加速室內降溫，只會浪費能源。
9. 冷氣機之濾網要經常清理。如果濾網不乾淨，風扇要花費更長的時間運作、使用更多的電力，所以每月至少清理一次，可以加速清潔空氣的循環。

10.如果要離開房間一段時間，記得務必關掉冷氣，避免消耗不必要的能源。

㈡燈光照明方面

1. 儘可能利用自然光（日光）的自然光線，若光線充足，工作、閱讀……等都方便。
2. 家庭中的燈光可能占您電費支出之15%至20%，因此應只在有需要時才開燈使用，不用時隨即熄掉。
3. 避免過度照明，宜採適當的光照，如走道可選擇需求內最低瓦數的照明，高瓦數燈泡用在需高度照明的工作區域內。
4. 清除灰塵，保持燈光設備及燈泡上的潔淨，避免灰塵遮弱燈光的明亮度。
5. 儘可能採用一盞高瓦數電燈，做全面照明之用，以代替多盞低瓦數電燈，例如：一個 100 瓦（W）的燈的亮度比兩個 60 瓦燈泡的亮度高出許多。
6. 購置新燈光設備或更換時，應考慮選用省電高效率燈炮，耗電少，但產生的光度一樣，耐用程度亦長。
7. 家中起居之色系，宜採淺淡、高反光之裝潢原則。

㈢電冰箱、電鍋方面

1. 電冰箱不要放在發熱器具旁邊（如瓦斯爐……等），或太陽照得到的地方，冰箱背面與牆壁要保持 10 公分以上的距離，以保持較佳的散熱效果及運轉效率。
2. 爲了保持冷藏效果之良好，儲存物應只放 8 分滿，使冰箱內冷度均勻，而且要等食物降溫後，再收入冰箱。

3. 冰箱門縫的墊圈如損壞要立刻修復，才能防止冰箱內冷氣洩出，以免增加耗電量。
4. 減少電冰箱開門次數，因爲只要開一次冰箱門，壓縮機就得運轉 10 分鐘，才能達到原來的冷藏溫度，所以減少冰箱開門次數或縮短開門時間，就可以減少冰箱的耗電量。
5. 要經常清理冰箱內外，定期清潔，才能保持較好的熱交換效果。
6. 煮飯前，洗好的米要浸泡約 10 分鐘後再煮；開關跳脫後再燜 15 鐘才把鍋蓋打開，如此便可煮出香 Q 可口的飯。
7. 電鍋不用時，要將電源插頭拔掉，以防止不必要的耗電。

㈣節約用水方面

居家方面如何將水發揮最大的效用？裝置省水設備爲節約用水的首要工作。

1. 不要讓水龍頭，持續打開：如刷牙時，使用漱口杯，不可讓水龍頭的水持續流不停……等。使用漱口杯每次可以省下 1,000cc 的水。積少成多一年下來就很可觀。
2. 使用環保馬桶：使用分段式沖水方式，將大小號分別處理，或在馬桶內放置保特瓶（裝水）或磚塊等，可節約用水。
3. 檢查屋內外有無漏水：漏水是節約用水的一大問題，特別是馬桶的漏水，可用色素幾滴到水箱內檢查之，若有漏水則有顏色呈現。
4. 以淋浴代替盆浴：因爲淋浴的用水量只有後者三分之一，但是，淋浴時間太長，也是會浪費水的，最好不超過 10 分鐘。洗澡擦肥皂時記得將水關起來，不要讓水嘩啦嘩啦的未經使用就流掉了。
5. 儘速修理會漏水的水龍頭：每天水龍頭流失的水量，最高可達百加侖以上。

6.廚房用水：可將洗米、洗澡、洗菜等用過的水，回收再利用，如澆花、拖地等。碗盤量太少時，不用洗碗機，改用手洗可以節約用水。

7.洗衣機用水：控制適量衣服，避免洗衣機內，衣服過多或過少。如果衣服很多，需洗兩次時，最好把髒的和不太髒的分開洗，配合衣料種類適當調整洗濯時間。

㈤環保新生活推動委員會提供的節約用水方法

1.養成良好的用水習慣，用水後隨手關緊水龍頭（一般水龍頭漏水1個小時，會漏掉7.6公升的水）。晚上睡覺及出門前，檢查水龍頭開關（浪費的家用水中有一半以上是從水龍頭白白流掉的，看緊水龍頭就能有效省水。）

2.發現衛浴及供水設備漏水時，儘快修復。

3.停水時亦需注意關緊水龍頭，以防水來時大量流失。

4.不要開著水龍頭洗菜、洗碗，應將水放在盆內清洗。

5.洗菜水、洗米水或煮過麵的水，可以用來洗碗筷、洗餐桌用具。

6.廚房水龍頭加裝低流量的汽泡式水龍頭。

7.洗衣服的清水，可回收供沖洗廁所、洗地板、洗車、灑水用。

8.洗車時用水桶裝水清洗，不用水管直接沖洗。

9.魚缸應採用循環式供水。

10.除溼機蒐集的水可再利用。

11.洗手、洗臉、刷牙時，用水儘量用容器盛裝，不要讓水龍頭一直開著。

12.洗手、洗臉、洗澡用水，可回收供清潔廁所之用。

13.將一般蓮蓬頭改為低流量蓮蓬頭可節省50%的水量。

14.洗澡時不用浴缸盆浴，改用低流量蓮蓬頭淋浴。

15.調整熱水器至適當溫度，既省能源又不需以冷水調節水溫。

16.改用省水型馬桶設備，省水型小便器（這類抽水馬桶可以節省 60%到 90%的馬桶用水）。

17.改用新式水龍頭（油壓式、感應式、汽泡式）。

18.在水箱上改裝設二段式的沖水設備。

19.種植較耐旱性植物。

20.大清早爲花草澆水可減少蒸發量。

21.將割下的草留在草皮上，可減少土壤水分蒸發，且作爲天然肥料。

二、食的方面

古語有云：「民以食爲天」。人類需要食物才能維持生命，而自人類有文明的這幾千年來，食物的生產和消費一直保持著良好的生態循環，普遍採用自然農耕的方法，並未造成污染。可是近幾十年來，由於綠色革命，人類爲了增加農作物生產，大量使用化學肥料，以及殺蟲劑、殺草劑，很少用自然堆肥來改良土壤，以致土壤日益貧瘠，農作物容易受到病蟲害和其他疾病，因此，農藥噴得愈來愈多。所謂綠色消費，就是綠色飲食的觀念，若能從食開始，必有助提昇生活品質，增進快樂和健康。以下幾點可以作爲參考：

㈠食物要注意清潔、簡單、均衡、自然……等原則。

㈡食物可以用燙的或自行料理生菜沙拉，例如：將青菜切好加鹽，加醋、加橄欖油等三種，即是一道既美味又環保的佳餚。

㈢在家庭用餐或餐廳請客，不要準備太多（量），或爲了面子，點了過多的菜餚，造成浪費。

㈣多吃自然粗糙的食物，多吃蔬果，少吃加工後的食品，少吃肉。

㈤路邊攤的飲食不衛生，且容易製造各種污染，應該多選擇使用乾淨餐具的餐館吃飯。

㈥學生應自行準備便當和水壺，以免因在外進食，而製造大量保麗龍盒、飲料空瓶和塑膠等垃圾。

㈦於餐桌上吃合菜時，應堅持使用公筷母匙的習慣，以便將剩菜打包。

㈧不購買稀有動植物來進補。

㈨洗米水或燙麵條水不但有洗淨力，也有養分，可用來洗碗、澆花。

㈩果皮青菜根等，切小塊掩埋在花盆或花園，兩三個星期後就能回歸自然，變成堆肥。

⑾廚房裡的垃圾水分含量高達50%左右，若能準備過濾網，濾乾水分，將可減少污水處理和搬運的費用。

三、衣著方面

商店內懸掛著琳瑯滿目、華麗無比的衣服，不僅滿足人們穿著的需要，有時甚至於成為人們流行、崇尚品牌的標的。然而衣服的製成，從原料來源、加工染色、直到織成布疋，不但動用相當多的人力、水、電、機械、化學藥品，更嚴重的，莫過於製作過程中所排放的廢水。

以下介紹幾個與衣著相關的環保觀念：

㈠衣服的購買

1. 理性選購衣服：不讓房間淪為衣服的儲藏室，最好的方法是不買不需要的衣服，特別是百貨公司減價時，不要毫無節制的購買。

「衣服總是少一件」，便是對這種毫無節制的消費的一種諷刺。

2.絕不買皮草：一般的皮衣多取自狐、狼、貂……等瀕臨絕種的野生動物，因此，爲保護該生物不致絕種，絕不使用皮草爲衣物。

3.選用自然材質的衣服：購衣服多選用棉、麻、毛等天然纖維材質穿起來既舒服、又吸汗、又易分解。

4.可多重搭配衣服，增加衣服的使用頻率，以達到與添購新衣服同樣的美觀效果。

(二)衣服的處理

1.創造舊衣服的新價值：使用過的舊衣服，可以多加利用，以降低對環境的影響，例如：將舊衣當抹布，或舊內衣當尿布……等。

2.避免購買需要乾洗的衣物，因爲乾洗用的有機溶劑有毒，不但對人體有害，對環境的污染也相當大。

3.新衣的處理方法：新衣服要穿著之前，先下水清洗，因新衣服的表面通常含有染漿和表面處理劑，因此，要先沖洗掉易致癌的甲醛、樹酯等的殘留。

(三)衣服的洗滌

1.洗衣機、脫水機或烘乾機儘量放滿才開動。

2.最好把髒與次髒的衣服分開洗。

3.多利用夜間洗衣，以避開用電尖峰時段。

4.儘量利用陽光曬衣（自然乾衣），減少使用烘乾機。

5.洗衣粉應依照包裝上的用量說明使用，寧少勿多。

6.清洗衣物時，儘可能使用對環境污染少的清潔劑。一般清潔劑不易分解，常造成環境、土壤、河川、海洋等污染，應選擇天然之礦物或脂肪做成之皀粉、皀絲、肥皀等等。

四、住的方面

在環保生活中，下列與住的方面相關事項可供參考：

㈠採　光

房子的採光儘可能採用自然的光線。

㈡客廳方面

1. 客廳的地毯是家庭起居所在，台灣地處高溫、濕熱，地毯是最容易藏污納垢的地方。特別是塵蟎、細菌、黴菌的溫床，而這些亦是氣喘的過敏原之一，所以除非是勤於清掃，否則家中最好不要使用地毯。
2. 室內吸煙或供奉神桌，二手煙、燃燒紙錢和燒香時，可能產生化學多環結構的芳香烴、芳香醛等有機物質，這些都會對健康造成影響，因此，建議您燃燒、拜香時最好在室外，如果不得已在室內，則窗戶一定要打開，使通風良好。

㈢臥室方面

1. 衣櫥，特別是新衣櫥內常有甲醛（三合板之衣櫥中常使用，居家應注意臥室之衣櫥，若通風不良，就有累積之可能）。簡單的處理法則是，新的衣服及床鋪的製品在買來後，先儲存一段時間再使用，或洗過再使用，即可消除過量的甲醛及一些附加的化學品。
2. 寢具、床單最好能時常更換清洗，或購買防塵蟎的床單、枕頭，以抑止塵蟎的生長。

五、行的方面

㈠利用大衆運輸系統，減少使用私人汽車，以降低小汽車污染並節約能源。

㈡以騎腳踏車、走路的方式去上班。因爲步行或騎腳踏車，除了自身的能量之外，不會消耗其他的能源，既可健身，而且不會製造任何污染問題，一舉兩得。

㈢減少非必要的行程，利用電話聯絡或集中外出的方式，避免非必要的行程。

㈣購買汽機車時，選擇最省油的廠牌，並且以穩定的速度駕車、定期保養汽機車、汽機車的空氣過濾器要維持乾淨、使用無鉛汽油及高品質機油、車內除去不必要的重量，車子愈輕就愈省油，車重增加一百磅（約 45 公斤），耗油量便會等量增加 1%。（例如：高爾夫球袋，不要長時間擺在後車廂內即是）。

第四節　辦公室環保生活

綠色生產與消費已是一種國際潮流，它強調的是改變生產與消費模式，以提高資源的使用效率、減少對環境的負荷，特別是上班族，往後可能待在辦公室的時間會愈來愈長，因此，「綠色辦公室」的推動，將會是個人和社會落實環保最有效的途徑。辦公室也許用掉你三分之一的空間與時間，辦公室會有什麼樣的環保問題呢？辦公室的環境中有什麼危害健康的因素？辦公室做環保和環保教育有什麼關係？如何化爲實際行動呢？其實環保的工作是很容易的，隨時可以做，環保就在生活之間。如果辦公室全體員工都能將環保理念落實，則大家必能生活在健康、安全與舒適的空間。

一、辦公室的環保問題

茲將辦公室的環保問題，略述如下：

㈠室內的空氣品質：在半密閉或密閉的空間中，二手煙或者偏高的二氧化碳濃度，都會影響工作的績效和健康。

㈡噪音問題：室外噪音之隔音、室內空調、馬達的噪音、電話鈴聲或高談闊論……等均屬之。

㈢飲水問題：飲用水的品質、飲水機之保養以及節約用水等。

㈣廢棄物問題：廢棄物垃圾問題，廢紙、廢電池、塑膠袋、保特瓶、剩餘便當之清理等。

㈤環境衛生問題：公共場所環境衛生較難維護，容易滋生蟑螂、螞蟻、老鼠、蚊蟲等問題。

㈥環境毒物問題：辦公室之修正液、白板筆、殺蟲劑等有毒物質以及影印機等磁波問題。

㈦辦公室綠化、美化問題：辦公室的植栽、擺設布置、辦公桌之收拾、整潔等均影響工作的舒適與情緒。

二、為什麼辦公室要做環保？

㈠形象問題，提昇機關及企業的形象。

㈡提昇員工士氣，在舒適、安靜、清潔的環境下工作，有助於提昇員工工作之效率與安定心情。

㈢減少支出、辦公室實施資源回收、公文袋重複使用、隨手關燈……等環保措施，可降低行政支出，並減少資源之浪費。

三、如何推動辦公室的環保工作？

㈠硬體方面：辦公室作規劃整修時，要考慮採光、通風、動線、防火、防噪音、省電以及茶水間等硬體設備，以方便日後之管理。

㈡訂定辦公室環保計畫，計畫內容包括：

1. 設定目標：所欲達成之環保項目、範圍界定、程度等標準。
2. 尋找誘因：如何激勵、獎懲或表揚的方式。
3. 擬訂步驟：明確細項之實施步驟。
4. 成員組織：成員及權責之劃分。
5. 籌措經費：尋找所需經費來源。

㈢依照計畫確實執行。

四、辦公室的環保工作項目

從前一節，我們已經大致了解辦公室中的環保問題，以下便列出一些可供參考的環保工作項目。

㈠紙類之減量問題：紙張雙面影印、多用電子郵件、公文袋重複使用、少用紙巾等。

㈡辦公室及會議室，多使用可重複使用之瓷杯、玻璃杯、保溫杯等，少用紙杯。

㈢使用可換筆心之原子筆。

㈣管制紙張資料之印製、分送以及必要性，減少浪費。

㈤設置回收地點，將紙類、廢棄物等確實回收。

㈥工作場所，嚴禁抽煙，以確保空氣之品質。

㈦談話應聲音適中，避免干擾同事，影響工作。

㈧室內植物應妥予照顧，廁所等公共場所應保持清潔並進行適度之美化。

㈨辦公室之樓梯間，禁止堆放雜物。

㈩使用電器、電腦時，注意用電之安全。

第五節　個人環保生活

一、個人環保重在自我實踐

個人環保在生活中，可以做哪些事？以下是一些條列式的建議，這些建議值得大家去思考，或遵守、或探討，當然，這並非強迫性的建議。（有些建議較重要，與前幾節之內容有所重複。）

㈠在農業與資源方面

1. 拒用奇木或巨木的家具，因為巨木是人類的財產。
2. 不用皮草、象牙……等，因為牠們也有生存的權力，沒有買賣，就沒有殺戳。在生態系中，牠們也占有相當重要的地位。
3. 儘量使用再生紙，以減少森林之砍伐。
4. 使用天然材質之纖維當衣料，如棉、麻，而非化學製品。
5. 拒食、拒買、拒養野生動植物。

㈡吃的方面

1. 食用食物鏈下層食物，如蔬果，少肉食，以降低對環境的衝擊，因動物在食物鏈的較上層位置。

2. 不要浪費食物，飲食八分飽，在餐廳用餐，少點一道菜餚，以免吃不完，浪費食物。用餐時，公筷母匙，剩菜打包，減少廚餘。
3. 食物要均衡。食物六大類（醣類、蛋白質、脂肪、水分、礦物質、維生素）均應攝食。
4. 吃當令及當地之蔬果。當令的蔬果，新鮮營養，便宜又好吃、少農藥。再者，當地之蔬果，因不需運輸、冷凍、進口等，因此，減少能源的消耗。
5. 不要吃外觀過於完美的蔬果，因爲那種蔬果大部分都有過量農藥之虞，如蔬果有蟲吃過或許會少一點農藥，或吃農藥少的蔬菜如莧菜、番薯葉等。
6. 食物烹調力求簡單、清潔、健康、營養爲原則，不但可避免過度烹調導致營養分流失，也可做到環保並節省能源。
7. 多喝白開水，少喝含糖飲料，外出時，自備水壺。
8. 自備筷子、餐盒和購物袋，少用免洗碗筷、保麗龍及塑膠袋，以減少產生垃圾。
9. 拒買過度包裝物品，提倡綠色消費。購買時，認清有環保標章物品。
10. 減少購買僅使用一次的商品。

㈢為什麼避免使用免洗筷？

外食的人數愈來愈多，免洗筷用過即丟，方便得很，餐飲業又不必清洗，可節約用水，也不會吃到別人的口水，有什麼不好？自備餐具筷子很麻煩，不是嗎？但是，假如你（大學生），一天兩餐（中、晚餐）外食，使用免洗筷所造成的後果是下列的狀況，您忍心嗎？

1. 免洗筷不衛生：據衛生署委託學術機構的調查，免洗筷是毒筷，在 15 件檢體中，有 14 件檢出含二氧化硫之殘留，免洗筷與水接觸後，可能產生亞硫酸鹽等物質滲出，可能導致氣喘的原因之一。

2. 免洗筷無論竹筷或木筷，在製作及運送過程中，衛生條件甚差，蟑螂、老鼠、病菌的滋生在所難免，所以免洗筷並不衛生。
3. 多數的免洗筷材料（竹、木材）來源，是來自東南亞的熱帶雨林，使用免洗筷將間接破壞熱帶雨林。例如：

一雙筷子二枝，平均一枝 20cm，直徑 0.5cm，體積為 $2\times20\times0.25\times0.25\times\pi=7.85\text{cm}^3$，假設學生一天用二雙筷子，一年 365 天，大學有四年，共用掉 $2\times365\times4=2920$（雙）。

若以彰化某國立大學學生人數約四千餘人，四年內共用掉

$$4000\times2920\times7.85\text{cm}^3=91.688.000\text{cm}^3$$
$$=91.688\text{m}^3$$

約 90 立方米這麼多的竹子、木材從哪裡來？熱帶雨林的樹木砍掉多少？若以全台灣的外食人口計，每天用掉約 500 萬雙免洗筷，數量更是驚人。

4. 免洗筷外包裝的印刷油墨污染，當您撕開筷子時，塑膠包裝的紅色油墨會污染筷子（比較高級的是以紙包裝，則較無此問題）。
5. 垃圾量的增加：使用免洗筷，會增加垃圾量。
6. 經濟上的考量：每雙竹筷子大約 0.13 元，若以台中市 20 萬吃便當的學生人口計算，每天花費 2,600 元，一年計算下來，花費更多。
7. 萬一的問題：免洗筷品質參差不一，使用時，若不小心容易被刺傷或刮傷。

㈣住的方面

1. 少用殺蟲劑，裝置紗門以防蚊蟲，將廚房的廚餘清理乾淨，以減少蟑螂的食物來源。
2. 保持居家環境乾淨，地板、床單、枕頭都應清理乾淨，減少塵蟎等過敏原，降低呼吸器官及氣喘等疾病發生。
3. 注意居家通風，特別是浴室的瓦斯熱水器的使用，避免一氧化碳中毒。
4. 少用電熱器取暖或洗澡，多利用自然方法如太陽能熱水器等。
5. 可多種植植物，以於白天時增進室內二氧化碳的吸收，但須注意，因為夜間植物不行光合作用，故必須移至室外，否則會有反效果。
6. 使用省電裝置，將電力發揮最大效率。
7. 隨手關電燈及關閉電器用品。
8. 節約用水。
9. 少使用冷氣，既可排汗，又可提高免疫力。

㈤行的方面

1. 多走路、騎腳踏車或使用大眾運輸系統，少開車，既節省荷包，又健身，一舉數得，何樂不為？
2. 參見家庭環保行的部分。

㈥關心社區環保工作

1. 主動關心社區環保工作，積極參與社區活動，以維護社區環境品質。
2. 積極與居住社區之民意代表接觸，確實反應對環保的關心，以確保社區生活品質。

二、個人心靈環保

㈠「心靈環保」故名思義就是呼籲大眾要從「心」做環保，鼓勵民眾從自己做起，先自愛再愛人，如此才能保護環境，人人用愛心作爲環保的最高原則，可以提昇生活品質，建設人間淨土。

㈡樸實、節約的生活與內心心靈之滿足。人類是依賴自然環境所提供的資源而活，但地球上的資源有限，人類的需求既無限又貪婪，爲了下一代的永續生存著想，對大自然所賦予的資源，必須加以節制使用，若能追求簡樸的生活，並提昇心靈的充實與快樂，可以對環境造成較小的衝擊，亦可延續地球的永續發展，讓我們的子子孫孫可以無慮的存活下去，倘若大多數的人們繼續沈迷於物質上的享受，過度開發或破壞環境，則地球總有一日必陷入萬劫不復之深淵絕境中。

㈢因爲簡單所以豐富，生活簡單就有充實內心的時間、空間。

三、體內環保

現今人類汲汲營營所追求的，不外乎是工作、地位、理想、抱負以及財富，但一切的基礎還是健康，有人說健康是1、工作是0、財富是0、房子是0、若前面健康的1沒有，一切歸零，唯有擁有健康的體魄，其他的一切，才變得有意義。有關體內環保方面，目前比較熱門，且對保健有相當功效之有機蔬果與生機飲食，在此做一簡單介紹：

㈠飲食與生機飲食

人類爲了生命的延續，每天須攝取各種食物，以供給各部器官之養分，由於外在環境的變化，人們愈來愈重視「生機飲食」，也就是不吃人工加工或污染的食物，而多吃「回歸自然」的食物與吃法。

1. 為保持個人的健康，除保持心情愉快與經常運動外，一般飲食的原則有：食物要清潔、營養要均衡、烹飪要簡單，吃當令蔬果等原則。
2. 美國加州新起點（New Start）在營養上主張「三低二高」的健康美食觀念，其所指的是低脂肪、低蛋白質、低膽固醇、高纖維、高鈣等原則，除飲食的調整外，還需要持之以恆的運動、陽光、空氣、水分、休息與信仰。「New Start」之意義如下：

- N-Nutrition——營養
- E-Exercise——運動
- W-Water——水
- S-Sunshine——陽光
- T-Temperance——節制
- A-Air——空氣
- R-Rest——休息
- T-Trust——信仰對環境、人類之關懷。

生機飲食的好處有：可吃到無污染的食物，增加免疫力，避免毒物的攝取與累積、排除體內的毒素、養顏美容、吃出健康、吃得安心。正確的生機飲食觀念：

1. 生機飲食不等於素食，只要是沒有被污染的牛奶、蛋、雞肉、鴨肉等，均是生機飲食的範圍，生機飲食仍必須注重營養均衡的觀念。
2. 生機飲食重視安全性。應配合營養師，注意食物的安全性，不可隨便於郊外採食野生植物。

3. 生機飲食必須注意衛生。有很多生機飲食，若未經充分清洗，很容易有細菌（尤其是大腸桿菌）的污染。

4. 生機飲食並非適合每個人。應配合個人的身體狀況，依序漸近，並依醫師指示進行。

㈡有機蔬果與環保

1. 有機蔬果就是以自然的生態法則、以不污染環境、不破壞生態的方式、以生產提供消費者的農產品稱之。換言之，在農作物生產過程中，完全不使用農藥、化學肥料，殺草劑、殺蟲劑、殺菌劑、抗生素、生長調節劑……等手段或方法，以自然的方式生產出來的農產品，就是「有機農產品」。

2. 實施有機農業的好處有哪些？因爲不使用化學肥料，生態環境的破壞減少、避免土地酸化、無污染與河川優養化問題、沒有農藥殘毒問題、減少食物的污染、提昇民眾食物的安全與身體健康、增加農民收入、避免污染水源、產品營養高、風味佳及其他（保護下一代）……等。

3. 化學肥料對環境的污染：大量使用化學肥料，將造成土壤酸化，土壤酸化後，微生物死亡，蚯蚓也死亡，連帶的河川遭受污染，肥料的有害物質沖刷入河川、湖泊，造成水的優養化，藻類增加，魚類死亡，飲用水無法使用，德基水庫集水區即爲一例。化學肥料對人體的亦有不良影響，施用過量的氮肥，會增加蔬菜的酸鹽，對人體健康有害。

問■題■與■討■論

一、社區環保生活

1. 如何排除社區環保執行時之困難？（例如：極少數居民不願配合社區垃圾分類時，應如何解決？）
2. 訪問社區環保（社區發展）改造成功之單位與人員，並撰寫報告。
3. 以自己的社區為例，擬定一垃圾分類與資源回收計畫。
4. 在網路上找出推行環保工作成功之社區案例，其成功之理由為何？
5. 請由網路上查閱，現階段我國社區環保政策與措施為何？
6. 社區的環保問題，有哪些主要項目？

二、學校環保生活

1. 擬定一份教室垃圾分類的計畫。
2. 假如您是學校行政單位之環保負責人員，您將會如何推行環保教育？

三、家庭的環保生活

1. 如何煮綠豆湯比較省能源？
2. 家庭應如何準備「環保晚餐」？
3. 你認為還有哪些行為對家庭環保有所助益？
4. 提出家庭用水再利用的方法？
5. 請評價自助餐與合菜之環保觀點？

四、辦公室環保生活

1. 辦公室的環保問題有哪些項目？
2. 假如有同事在辦公室內抽煙，你會採取何種行動？
3. 你認為辦公室內的盆栽，應該選擇哪類植物？
4. 你會重新布置辦公室嗎？為什麼？
5. 辦公室若不做環保工作，可能會發生哪些的負面結果？
6. 擬定一份辦公室環保評核表。（可參考網站資料）

五、個人環保生活

1. 如何充實心靈的滿足，降低對外界物質的誘惑？
2. 生機飲食應注意事項？
3. 購買有機蔬果的理由何在？
4. 如何選擇與清洗蔬果？
5. 飲食的一般原則有哪些？
6. 生食好？或是熟食好？
7. 以環保的立場應如何吃呢？

第12章

生態之美與生活

人是自然的一部分，是生態系中的一份子，若生活能體驗生態中的美將是一種享受，是一種滿足。本章將以題綱的方式，提醒讀者，以地球舞台的一份子，努力去扮演人在生態系中的角色，並以欣賞的眼光，去體會地球的生活，如生態之美、地球之美、詩詞歌謠散文之美、社區之美、閱讀之美、環境生態記憶之美，借以拋磚引玉，讓讀者以不同角度去發掘，人生之眞締。

第一節　美麗的地球

地球之美、生態之美、台灣之美、國家公園之美、海岸之美、珊瑚之美、菅芒花之美、溼地之美、環境生態記憶之美、亞馬遜熱帶雨林之美……等。當我們以欣賞的心情與享受的心情環顧地球，不難發現自然景觀、動物生態、植物生態、海洋世界等以及人文的生態環境，是多麼璀璨美麗，眞叫人動容。這就是咱們賴以生存的地球，是人類的公共資產，我們享用它，也讓我們的子子孫孫、世世代代都能享用它、擁有它，因此，唯有認識自然，才會去愛大自然，唯有了解人文，才會去愛人類。有時環境的回憶，也是一種美，記得筆者小時候，每當暑假回桃園、新竹鄉下看祖父母時，看到村姑在屋前的小溪圳洗涜衣服，鴨鵝就在不遠處自由自在游來游去的情景，眞是一幅美麗的圖畫。興致來潮時，亦可在小溪裡打撈一下，「摸蛤兼洗褲」，不到一會兒，就可抓到一盤豐盛的菜餚，內有小溪蝦、小魚、泥鰍、土虱、大肚魚、小鯽仔魚、小溪哥以及田螺……等，這是最高興、最寫意的童年，將美好環境生態的記憶，塡滿童年的回憶。曾幾何時，兩年前回去，小溪圳已變成水泥水溝，小圳的水也變成污濁惡臭，不堪入目，當然魚蝦、泥鰍都消失了，農藥及肥料等可能是禍首之一（如圖 12-1 至圖 12-7）。

圖 12-1　空中鳥瞰地球之美

圖 12-2　河川之美

圖 12-3　山巒之美

圖 12-4　鄉間綠色隧道

圖 12-5　梅花之美

圖 12-6　晚霞之美

圖 12-7　公園之美

第二節　詩詞、童謠、散文之生態美

不論是寫動物、植物、地理環境、人物等主題，往往透過文人的知覺、文人的細密、文人的敏銳、文人的文筆，我們可以發現關懷自然、關懷生態環境的詩詞還不少，文學往往能呈現當時社會環境的現實面貌。

所謂生態文學，在古今中外皆有，例如：杜牧：山行、秋夜；陶淵明：歸園田居、歸去來辭、桃花源記；王維：清溪、山居秋瞑；李清照：一剪梅；杜甫：客至；歐陽修：畫眉鳥等均是，今僅舉杜牧之秋夜詩加以說明，餘有興趣者自覓欣賞。

一、唐詩三百首

秋夕（唐・杜牧）

銀燭秋光冷畫屏，輕羅小扇撲流螢，
天階月色涼如水，坐看牽牛織女星。

另有「風吹雨斜亂流螢」之詩句。不難看出，當時螢火蟲飛舞，美女手執小團扇撲打之情景；以及滿天星斗，在無公害或空氣污染下，牛郎、織女星相會之景象。正如筆者旅居在亞馬遜河期間，在無月亮之夜晚，幾乎天天可以肉眼見到銀河、牛郎、織女星，三等星亦可以目視，甚至於誇張一點的描述，眞是「伸手就可以摘到星星了」。

二、陶淵明之田園詩

陶淵明是魏晉時代的作家，他的散文、辭賦都很獨特，造詣頗高，但亦平淡自然，例如：「桃花源記」，描繪田園自然風景，農村的日常生活，怡然自得，十分親切，內心的純潔，無欲無求，出自內心的深處，是心靈的提昇與心靈的環保。

桃花源記

晉太元中，武凌人捕魚為業。緣溪行，忘路之遠近。忽逢桃花林，夾岸數百步。中無雜樹，芳草鮮美，落英繽紛。漁人甚異之。復前行，欲窮其林。林盡水源，便得一山，山有小口，仿佛若有光。便捨船、從口入。初極狹，纔通人；復行數十步，豁然開朗。土地平曠，屋舍儼然，有良田、美池、桑竹之屬。阡陌交通，雞犬相聞。其中往來種作，男女衣著，悉如外人；黃髮垂髫，並怡然自樂。見漁人，乃大驚，問所從來。具答之。便要還家，設酒殺雞作食，村中聞有此人，咸來問訊。自云先世避秦時亂，率妻子邑人，來此絕境，不復出焉，遂與外人間隔。問今是何世，乃不知有漢，無論魏晉。此人一一為具言所聞，皆歎惋。餘人各復延至其家，皆出酒食，停數日，辭去。此中人語云，「不足為外人道也。」既出，得其船，便扶向路，處處誌之。及郡下，詣太守說如此。太守即遣人隨其往，尋向所誌，遂迷不復得路。南陽劉子驥，高尚士也。聞之，欣然規往，未果，尋病終。後遂無問津者。

歸園田居（詩五首之一）

少無適俗韻，性本愛丘山；誤落塵網中，一去三十年。
羈鳥戀舊林，池魚思故淵；開荒南野際，守拙歸園田。
方宅十餘畝，草屋八九間；榆柳蔭後簷，桃李羅堂前。
曖曖遠人村，依依墟里煙；狗吠深巷中，雞鳴桑樹巔。
戶庭無塵雜，虛室有餘閑；久在樊籠裏，復得返自然。

歸園田居（詩五首之三）

種豆南山下，草盛豆苗稀；晨興理荒穢，帶月荷鋤歸。
道狹草木長，夕露沾我衣；衣沾不足惜，但使願無違。

飲酒（其五）

結廬在人境，而無車馬喧。
問君何能爾？心遠地自偏。

採菊東籬下，悠然見南山。
山氣日夕佳，飛鳥相與還。
此中有真意，欲辯已忘言。

透過陶淵明的紙筆，從歸園田居，飲酒等詩，傳遞出來是自然田園的美好和芬芳，說實在的，古人敬天地的心，尊重大地的心是現代人有所不及的。或許是科技的發達，人類代之而起的是一連串的破壞與貪婪，內心的深處，已經沒有高尚純樸之心。

三、由童謠看台灣之美

1940 年代在台灣的天空，經常看到盤旋的老鷹，農家都擔心自己家養的小雞；然而現在在深山裡要看到老鷹都很困難了，難怪，我私下調查修環保教育兩班約 100 多位同學，能以閩南話說老鷹者，不到 5 位，因爲我們周遭環境的老鷹消失了，辭彙當然就不用了，環境爲什麼改變如此快？

老鷹（請用閩南語）

麻葉，麻葉，飛高高；囝仔中狀元，
麻葉，麻葉，飛低低；囝仔快作爸，
麻葉，麻葉，飛上山；囝仔要做官。
註：麻葉（北部閩南語）是老鷹，也有人說「來葉」。

天黑黑（請用閩南語）

天黑黑，欲落雨，阿公仔舉鋤頭嘜掘芋，
掘ㄚ掘，掘ㄚ掘，掘得一尾旋溜鼓。

伊ㄚ嘿得，真正趣味。

阿公仔嘜煮鹹，

阿嬤嘜煮淡，兩A相打弄破鼎，

伊ㄚ嘿得，啷噹鏘，啷噹鏘，哇哈哈。

註：旋溜鼓指泥鰍，現在的農田因使用化學肥料及農藥，水稻田裡的泥鰍已絕跡了。

火焱虫（請用客家語）

火焱虫，火焱虫，翻轉施物，吊燈籠。

註：火焱虫即螢火蟲（客家語），施物（屁股），50年代鄉間入夜後，到處都是螢火蟲，點綴著天空，在天井聊天，話家常時穿梭其間，美不勝收，回憶甚美。

月光光（請用客家語）

月光光，秀才娘，船來等，轎來扛，

一扛扛到河中央，蝦公，毛海拜觀音。

註：客家童謠，扛即抬，蝦公為小溪蝦，毛海是螃蟹。記得小時候（50年代），在鄉間以竹籠抓蝦、小魚加菜，是童年最快樂時光，如今卻是烏黑的水泥小水溝，小溪蝦、小魚等生物已在溪圳消失了。

天黑黑（請用閩南語）

天黑黑，嘜落雨，鯽仔魚，嘜娶某；

水蛙，扛轎，大ㄅㄚˋ肚。

註：早期農田裡，在下雨前的寫實童謠，下雨前鯽魚求食和青蛙準備求偶、產子的模樣，描述大地一片都將要躍躍欲試、大顯身手的寫照，很是貼切。

四、由寫景詩看台灣之美

台灣被稱爲「福爾摩莎」意即美麗之島，過去林木茂盛、鳥語花香，生態呈現多樣性，但曾幾何時，數十年或百年的光景，環境變化如此劇烈，例如：美麗的台北淡水河已成一條大黑水溝；農村裡已不復見螢火蟲，鄉間的田裡已無田螺與泥鰍了。以下略抄數則清朝時，台灣詩人描述台灣之美，以供大家細心回味品嚐。

㈠清代時之台灣寫景詩

玉山歌（陳夢林）

須彌山北水晶宮，天開圖畫自玲瓏。
不知何年飛海東，幻成三箇玉芙蓉。
莊嚴色相儼三公，皓白鬚眉冰雪容。
夾輔日月柱穹窿，俯視眾山皆群工。
帝天不許俗塵通，四時長遣白雪封。
偶然一見杳難逢，唯有霜寒月在冬。
靈光片刻曜虛空，萬象清明曠發蒙。
須臾雲起碧紗籠，依舊虛無縹緲中。
山下螞蟥如蟻叢，蝮蛇如斗捷如風；
婆娑大樹老飛蟲，攢肌吮血斷人蹤。
自古為有登其峰。於戲！雖欲從之將焉從？

註：玉山在嘉義縣阿里山鄉、南投縣信義鄉及高雄縣桃園鄉交界處，其狀如玉，海拔 3,952 公尺，是台灣群山之首。

後壟港（阮蔡文）

雙溪奔流西入海，海勢吞溪溪氣餒。
銀濤翻逐綠波迴，遂使溪流忽然改。
番丁日暮候潮歸，竹箭穿魚二尺肥。
少婦家中藏美酒，共夫倒酌夜爐圍。
得魚勝得獐與鹿，遭遭送去頭家屋。

後壟是今苗栗縣海線的後龍。從詩中，我們可以知道當時原住民的自然觀念，他們捕魚是用竹箭來刺魚，而不是以毒藥毒魚，或利用魚網將之一網打盡，趕盡殺絕，所以永遠有魚吃。這樣一來，不但可以維持生態平衡，又可以取得所需的食物，實是兩全其美的方法。魚是二尺肥，以現在的長度來算的話，一尺大約是 30 公分，二尺就有 60 公分那麼長了。當然，當時的溪水是很乾淨無污染的，再加上捕魚有所節制，所以才能有這麼大的魚可以捕獲。

最後，詩中提到獐與鹿，其中的鹿，指的應該是梅花鹿，可知當時有野生的梅花鹿可以捕捉，而現在已經沒有野生的梅花鹿了，這說明了人類過度的開發與獵捕，破壞了生態平衡，導致野生動物族群的滅絕。

竹塹（阮蔡文）

南嵌之番附淡水，中港之番歸後壟。竹塹周環三十里，封疆不大介其中。聲音略與後壟異，土風習俗將無同。年年捕鹿邱陵比，今年得鹿實無幾。鹿場半被流氓開，藝麻之餘兼藝黍。番丁自昔亦躬耕，鐵鋤掘土僅寸許。百鋤不及一犁深，那得盈倉蓄妻子。鹿革為衣不貼身，尺布為裳露雙髀。……

「南崁」是今桃園南崁，竹塹就是新竹。從「年年捕鹿邱陵比」可以知道當時的鹿是很多的。每到捕鹿的季節，都可以捕到鹿，而今年卻抓不到幾隻了，原因不是沒有鹿，而是因為鹿場都被流氓所控制了。當時鹿是人民的經濟來源之一，所以是非常重要的。

由這兩首詩可以知道，在百年前，梅花鹿的分布是很廣的，而現在野生的梅花鹿已經絕跡了。

燄峰朝霞（秦士望）

草昧誰開大海東，高燒烈火有神功；
赤霞曉映扶桑日，丹嶂晴驅擘柳風。
焰射雞籠遙可接，光銜鷺島遠為烘。
淩晨景物欣何似，萬丈芙蓉照眼紅。

焰峰係指「九十九峰」，在南投草屯境內，峰似火焰，九十九岳，沿烏溪而立，相傳原為一百岳，毒蛇猛獸猖行，經雷打下一岳，蛇獸乃斂。由彰化向東望去，焰峰隱約可見。現在由於高樓重立，彰化只剩芬園可以看到，而在「921 大地震」之後，九九峰已經改觀，成了一座座的黃土，原有的地貌已被破壞了，美麗的風貌只能從照片或詩篇中想像了。

肚山樵歌

山高樹老與雲齊，一逕斜穿步欲迷。
人踰貪隨巖隱鹿，歌聲喜和野禽啼。
悠揚入谷音偏遠，繚繞因風韻不低。
刈得荊新償酒債，歸來半在日沈西。

「肚山」即大肚山，在今台中、彰化交界之成功嶺附近。此詩描寫樵夫在山巖中討生活，由於與白雲、麋鹿、禽鳥爲伴，所以生活中充滿了悠揚之風韻，其境甚美。

新莊別館月夜（林占梅）

竹籬近水兩三家，一帶芳塍稻未花；
遠火江村星倒挂，平煙樹幕霧橫遮。
蛙聲接浦跳萍鬧，螢焰衝風入竹斜。
好是晚涼無箇事，汲泉拾夜煮新茶。

新莊於康熙 48 年（1709 年）開墾，至占梅賦詩之時約 150 年，已成漢人聚居的重要中心城市。此時雖有旅店的設施，然早期地廣人稀的景象仍在。詩中「蛙聲接浦跳萍鬧，螢焰衝風入竹斜」可以知道當時新莊原始的風貌，有蛙聲，還有螢火蟲，在百年之後，新莊已經成了繁華的都市，這些景色已經看不見了。

雙溪曉行

宛轉雙溪路，蘢蔥芋粟紛；深坑巢亂石，遠樹泊輕雲。
屋盡穿巖搆，泉多截竹分；嘯猿聲不斷，每向靜中聞。

「雙溪」乃指士林東郊之內、外雙溪，今日故宮博物院、東吳大學所在處。「嘯猿聲不斷」可知當時有台灣彌猴出現在雙溪，而今已不復見。

註：上述部分資料摘錄整理自廖雪蘭著（民 78，台北）之《台灣詩史》。

㈡當代之敘事寫實生態詩

當代描述生態的詩也不少，例如：描寫動物的新詩有：屠狗記（吳晟）；螢火蟲（夏虹）；一隻台灣黑熊的告白……等。而描寫植物的詩計有芒草（白家華）；木麻黃（吳晟）……等，描寫地理環境的詩如大甲溪（汪啓疆）。還有許多詩，充斥在生活中，期待您去欣賞，甚至期望您去創作，加入詩與生態的行列。

第三節　社區之美

社區之美，是視覺之美，是公共資產，如何提昇社區生活品質之水準，有賴大家的努力（如圖 12-8 至圖 12-15）。

圖 12-8　社區之美㈠

圖 12-9　社區之美(二)

圖 12-10　台灣之美(一)

圖 12-11　台灣之美(二)

圖 12-12　亞馬遜河野生稻之美

圖 12-13　菅芒花之美

圖 12-14　環境回憶之美（五十年沒變的小矮牆）

圖 12-15　怡然自得之美

第四節　閱讀之美

環保與生活和人們的生活品質相關，本書僅推薦下列數冊，您讀過幾本呢？還有哪些環保書可推薦呢？下列書籍至少應讀三本以上。

書　名	內容簡介
寂靜的春天 作者：卡爾森 星晨出版社	1962 年出版，為美國卡爾森女士所著淺顯易懂，指出化學污染對環境生態影響及ＤＤＴ等使用影響，闡明清晰易懂。
環保錦囊	內容介紹 100 種錦囊妙計，分別以不同主題來說明。
人文與生態 作者：陳玉峰 前衛出版社	介紹人文與生態關係，作者還有許多相關著作，如「台灣生態悲歌」「土地倫理與 921 大地震」等多冊。

城市生態 作者：馬以工 天培出版社	以專家的看法，剖析鄉土生態，是一本兼具知性與感性的書籍。作者表達了對鄉土的愛與情。
聖嬰與文明興衰 作者：董更生譯 聯經出版社	聖嬰現象造成全球氣候異常。 本書對二氧化碳的增加造成環境影響有清楚的說明。
神聖的平衡 作者：何穎怡譯 商周出版社	對人類維持生態系統的平衡，學會尊重生命的神聖平衡，讓人類建立一個永續的環境。
永遠的禁錮 作者：孫啟元著作攝影 郭良蕙新事業公司	提醒人類以另一種觀點，來看動物園裡的動物。人類剝奪動物自由生存的空間。
環境台灣 天下雜誌	介紹台灣「經濟生態，美麗之島痛山水、自然有路、永續教育」，為集合許多記者同仁，獻給台灣的未來。
人類與環境的品質 作者：王立甫譯 三山出版社	為美國史密森協會支助出版的論文集由 14 位學者執筆，內容涉及環境品質及生態是一通俗易懂的最佳讀本。
污染問題發凡 作者：陶良謀譯 今日世界出版社	本書討論空氣、水和聲音之污染，立論精闢，有建設性。 （唯本書民國 60 年出版，已絕版）
海風下 (Under the sea wind) 作者：瑞秋・卡森著 譯者：尹萍 季節風叢書	「寂靜和春天」同一作者所著的這本書，非常具有說故事能力的卡森女士，賦予她所描述的這些動物各有各的名字，隨著她的筆端，讀者也身歷其境觀察著這些生物的動作生息。
鯨背月色 作者：黛安・艾克曼著 譯者：莊安祺 季節風叢書	艾克曼女士跟著專家學者來，近距離的觀察我們平常誤會的幾種「醜」「惡」的動物，如鱷魚，她以溫柔、優雅來形容鱷魚等生物，非常生動有趣的書。

我們只有一個地球 作者：馬以工、韓韓 九歌出版社	作者以對環境的關懷與熱心，深入淺出介紹國內的自然資源與環境保育上，希望為我們的子子孫孫留下一些自然美好的生存空間，可讀性很高。
環保超人 作者：新形象	廢物利用，花一點巧心，將廢棄物再生。
國民環保手冊：地球的權利 作者：派翠西亞．韓恩 譯者：劉志成 月旦出版社	本書提供一些日常可行且實用的觀念，幫助人類解決惡化的生態環境。
綠色家園：實際行動作環保 作者：凱倫．克莉絲汀森 譯者：郭素菁 世茂出版社	取材廣泛，教導讀者如何從日常生活中實際徹底執行環保之作，其中還包括許多小常識。
俯仰天地間─從聖經看環保 作者：沃巴斯基 譯者：生態神學中心 校園書房	主要以上帝的話語，探索當今的一些環境問題，以聖經原則應用在生活上。
心靈環保的維摩經 作者：聖嚴法師 法鼓文化	以佛教觀點談心靈環保問題。
環境生態學 作者：游以德 地景出版社	談環境生態學，作者另有「環境問題探索」等書。
環境與生態 作者：Clint Twist 譯者：馬杰	引述地球的環境生態發生巨變，描述人類的各種行為破壞了生態的平衡，循環與複雜多樣性，提醒人類對地球生態的珍惜與保育。
還我生存權 作者：李界木 前衛出版社	本書記述人類對環境生態的破壞，並對全球重要的環保問題提出意見與忠告。

地球的生態 作者：大衛．藍伯特 企鵝出版社	介紹地球的生態。
不可思議的消費鏈 作者：約翰．雷恩 亞倫．聖鄧寧 譯者：楊永鈺，民 90 新自然主義公司	本書指出生活享受背後，人類竟必須付出昂貴的生態代價。
七個環保綠點子 作者：約翰．雷恩 譯者：楊永鈺，民 90 新自然主義公司	從食、衣、住、行方面的小小綠點子，創造綠色新生活。
重返美麗家園 作者：亞倫．聖鄧寧 譯者：陳素姍，民 90 新自然主義公司	作者提出從心靈出發、重視與自然倫理關係，才能再造家園，讓經濟與環境共存。

問．題．與．討．論

1. 台灣有幾個國家公園？如何安排國家公園知性之旅？（答案請查網站）
2. 描述地球的特別之美處。
3. 舉例說明其他與生態之美有關之童謠（或古詩詞、散文）數則？
4. 試以自己的辭句描述居家之鄉村之美。
5. 記敘回憶中的童年有關環境之記憶。
6. 將上列書籍之讀書心得與他人分享。

第**13**章

環保意識與覺醒

第一節　環保意識

過去國人環保意識低落，主要是下列因素所造成，諸如政府的領導者與政策不重視環保問題、民衆的拜金主義、民衆短視、貪婪、人民生活太窮、以及政治人物過客的心態、駝鳥心態……等等的因素，導致國內環境品質逐漸惡化。例如：都市中家庭污水之處理率偏低，就是過客心態的明證。過去政府爲了改善百姓生活，往往犧牲環境的品質（如客廳即工廠政策），又如國內到處林立的電鍍工廠、養豬場、紙廠等設立，早期都沒有通過環境影響評估工作。但是，隨著國民所得的提高及國民環保意識逐漸的抬頭，人們體認環保的重要，特別是最近幾年，環境保護運動與抗爭，日益增多。民衆環保意識的提高是可喜的現象，它有助於環境品質的提昇，除此之外，大家必須身體力行，落實行動環保，對環境才有實質的意義。

第二節　環保志工

雖然我們的社區，距離先進國家德國、法國、日本、美國等的環保工作有一段距離。但是，默默行善的人，大有人在，他們以行動來疼惜我們的環境，僅披露數則，供大家思考。

一、環保小天使

台灣環保小天使，獲選地球英雄接受表揚。美國時代雜誌慶祝2000

年4月22日的「地球日」30週年，推行如何拯救地球。台北永和國小11歲周昱昇同學，8歲開始做環保，利用假日尋找垃圾廢紙，力行資源回收之旅，當選「地球英雄」。

二、穿西裝收廚餘的老外

居住台北縣石門海邊的加拿大籍的劉力學先生，在住家附近的廢棄空屋內，以自己蒐集的餿水，研究廚餘堆肥做環保。

三、慈濟志工做環保

慈濟人與社區義工對環保的推動，是有目共睹的，特別在資源回收方面，全省許多社區都因這些慈濟義工的努力，使得社區更美麗、更乾淨、更環保。

四、流浪狗的守護神

彰化市48歲的婦女蕭淑華女士，爲了飼養兩百餘隻流浪狗耗盡積蓄，二十年來無怨無悔，讓流浪狗免於流浪街頭，製造問題，可以說是環保的楷模（摘自民國90年9月25日中國時報）。

五、社區義工自發性資源回收成功案例

台中縣大里西菜社區，台北新店玫瑰社區，三重市重新里……等社區。

第三節　環保事件之覺醒

過去幾年爲求經濟發展之餘，往往犧牲了環境，以下是由近幾年報章中所摘出之環保事件，希望讀者能記取這一件件的歷史教訓，所謂前事不忘，後事之師。

一、高屏溪污染事件

㈠事件發生的經過

民國 89 年 7 月 13、14 日，經民眾發現在高屏溪上游遭人傾倒大量的劇毒廢溶劑，嚴重污染水源，污染程度令人怵目驚心，造成民眾恐慌，憂心忡忡，嚴重影響民生用水及其他用水。

受此污染的水域包括很廣，因該河水，南行經大樹、高屏大橋、萬丹、林園，長達五十幾公里，才出海。沿岸的淨水廠、抽水站占高屏地區一半以上，就是自旗山以南全部的淨水廠，無一倖免，致使南部二百萬人無水可用。圖 13-1 爲高雄的民生用水分布圖。

數日後，經民眾發現是一家廢棄物處理公司，偷倒廢棄有機毒溶劑所引起的污染事件。

註：該公司也在國內其他縣市鄉鎮如大園、大肚溪、西螺等地以類似手法傾倒廢溶劑。

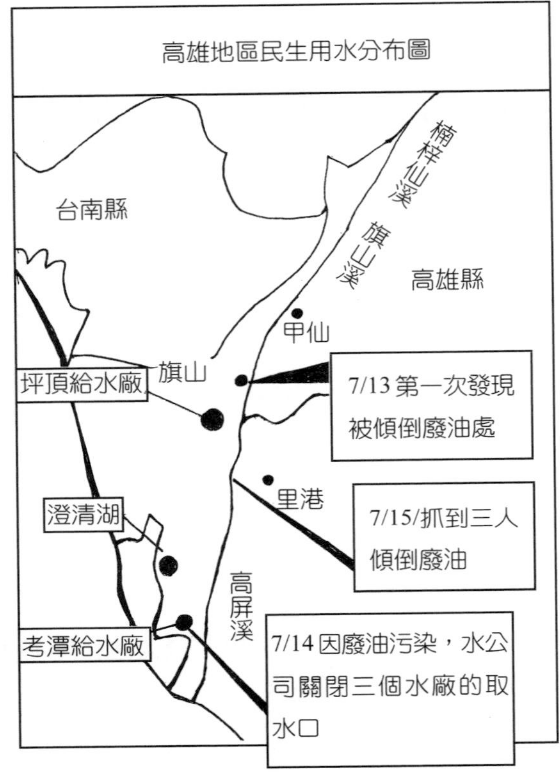

圖 13-1　高雄的民生用水分布圖

㈡高屏溪污染的禍首是什麼？

高屏溪有毒有機溶劑污染，經清華大學所採取污染樣本化驗結果為二甲苯、甲苯、丙酮及酚等污染。

1. 有機廢溶劑：二甲苯。二甲苯在工業上用做樹脂、油漆、噴漆等的溶劑。為無色液體，會破壞塑膠、橡膠，具高可燃性，可輕易被熱、火花或火燄所點燃。

二甲苯為中樞神經抑制劑，暴露過量，會造成運動失調、感覺錯亂、記憶衰退等神經行為失常現象。吸入或接觸可能造成刺激或燒傷皮膚或眼睛。其蒸氣會引起眼睛、鼻子及喉嚨的刺激性，當濃度高時，二甲苯蒸氣會引起嚴重的呼吸困難，長時間或重複的暴露會引起皮膚出疹。一般會引起頭痛、嘔吐、眼睛晶狀體改變與黏膜傷害，空氣中濃度大於200ppm時會引起結膜炎與鼻咽過敏，1,000ppm 時會引起肝轉胺酶暫時升高與可逆性腎衰竭。慢性暴露會導致慢性支氣管炎、肺炎、女性生殖障礙與淋巴瘤的發生。母體懷孕時暴露也會造成胎兒中樞神經的傷害！

2. 丙酮（Acetone）：為有機溶劑，即為婦女常用的指甲油的去光水的主要成分，當人體吸入或皮膚暴露時，最常出現的症狀為昏眩、噁心、嘔吐及咳血等狀況，如果高濃度暴露也會出現抑制呼吸及致死的危險。
3. 酚的毒性最強，在暴露下臨床的症狀為患者出現心跳不規律、肚子痛、冒冷汗、口腔黏膜腐蝕……等。

(三)本事件給民眾什麼覺醒？

1. 高、屏二縣市決定共同成立自衛隊，捍衛高屏溪。
2. 要求環保單位，沿岸全面加強稽查各工廠排放水。
3. 教育民眾維護水源，發現可疑立即檢舉，以確保自身的安全。
4. 學者認為，造成此次污染事件主因，是黑白兩道長期把持廢棄物處理所致，希望政府掃除黑金。
5. 希望政府永續處理，希望能有完善水資源開發政策。
6. 要求政府對有毒廢棄物有效處理，並掌控追蹤污染棄物之流向，並嚴格執法。

㈣高屏溪污染事件對環境與民眾造成的問題

1. 影響大高雄的民生及工業用水，百姓無乾淨的水可飲用。
2. 影響當地民眾的長期的健康甚巨。
3. 有害廢溶劑因清除處理成本高，爲規避責任與競爭力，多數地下業者非法處理，直接隨處傾倒，造成水及土壤嚴重污染。
4. 污水滲漏且污染地下水源。
5. 河川的動植物生態，遭到嚴重的傷害，影響生態的食物鏈。
6. 檢舉「官商勾結」及「環保」流氓。
7. 面對問題，謀求解決之道。即促請政府主動提供「專業廢棄物」的正當去處，以確實掌握工業廢棄物之流向與途徑，主動幫助無法自行處理廢棄物之小型工廠，而非掩耳盜鈴，搪塞問題。
8. 民眾應參與環保團體的活動，期望政府或民代重視百姓飲水的基本問題。

二、土石流事件

㈠「土石流」的夢魘

土石流已不再是教科書上的專有名詞，也不是台灣某些鄉鎮的專利，而是台灣人民之最痛、揮之不去的夢魘。

從賀伯颱風（民國 85 年）以來，發生土石流的時間及因素如表 13-1：

表 13-1　發生土石流的時間及因素

發生時間	發生地點	因　素
85 年 7 月 31 日至 8 月 1 日	南投縣陳有蘭溪沿岸，如：神木村、同富社區、豐丘、郡坑、南平坑……等地區	賀伯颱風
85 年 8 月	屏東縣瑪家水庫集水區	賀伯颱風
85 年 8 月	嘉義縣阿里山山區	賀伯颱風
85 年 11 月	花蓮縣豐濱鄉新社村	爾尼颱風
86 年 8 月 18 日	台北市天母	溫妮颱風
86 年 9 月 1 日	南投縣神木村	豪雨
87 年 5 月 9 日	南投縣神木村	橋樑潰決
87 年 7 月	南投信義、豐丘村、花蓮、瑞芳	瑞伯颱風
90 年 7 月	花蓮大興、南投豐丘村等	桃芝颱風、雨量大 單日降雨量太大，3 小時達 500 公釐

（湯清二整理，民 90 年 12 月）

(二)什麼是土石流？它是如何發生的？

「土石流」是泥、砂、礫及巨石等物質與水之混合物受重力作用，沿自然坡面所產生集體運動之流動現象稱之，有人稱爲「泥石流」，它發生的原因是發生於陡峻的溪谷或斜坡面上，土壤失去原有之穩定狀態，高濃度的砂石泥土伴隨洪水，在重力作用下沿著自然坡面的流動現象。土石流的主要特徵是流速快、含泥砂成分高、沖蝕力強、衝擊力大、破壞力大。其發生的地點，大多在山坡地或山谷區。總之，其發生的基本條件爲降雨量大多、坡度大、鬆散的土石等，當三個條件併在一起時，土石流就容易發生。自然發生的土石流是無法避免，但是，地震以及人們對土地的不當開發都是土石流的幫兇，其實大部分是可以避免的。

㈢如何防治土石流不再發生？

土石流的發生造成家破人亡，山河反目的災害，令人觸目驚心，如何使土石流的危害程度減輕，應根據土石流的發生條件及特性加以探討。一般土石流防治對策可分硬體與軟體方面，硬體措施是針對土石流的發生、流動與堆積等特性，依地形條件選擇適當之工程手段，加以抑止土石流的災害，其他如廣植林木，以建立良好的生態環境。還有，就是限制山坡地的過度開發，減少或防止土石流發生，其中立法與執法應是極重要的關鍵，在軟體措施方面則是迴避土石流的災害，其方法包括遷村、土石流警報的預警措施，居民的防災教育等屬之，也就是讓居住在土石流潛在危險區的民眾，有時間去應變，以減少生命財產的損失。

㈣對於土石流我們能做什麼？

1. 民眾應注意氣象報告，以確實掌握氣象資訊，如颱風、豪大雨預報等，確實做好防患工作以迴避土石流。
2. 留意周遭山坡地土石異常滑動現象，提高警覺以了解土石災害的潛在危險性。
3. 拒買、拒吃高山蔬果，許多人懷疑高冷蔬菜、果樹、茶葉、檳榔……等對水土保持破壞極大，唯有大眾以拒絕買賣，消極抵抗破壞行爲，或拒買坡地上之建築住宅……等行動，才能減少山坡地的開發。

4. 選舉出對國土生態關心的政治人物（如民意代表、議員等）。
5. 避免前往高風險的自然風景區遊覽或活動，以保護自身的安全。特別是在大地震過後或豪大雨期間。
6. 森林對山坡地水土保持有其功能，因此，多種樹木，特別是深根性植物，以防止土壤流失。

三、登革熱與腸病毒

㈠登革熱（Denque Fever）

1. 1988 年高屏地區爆發登革熱流行，登革熱為病媒蚊所引起傳染病，在本省又叫天狗熱或骨痛病，是一種濾過性病毒，罹患登革熱會發燒、疼痛、發疹，有的還會造成出血現象，甚至休克而死亡。它的傳播媒介是埃及斑蚊和白線斑蚊。
2. 感染登革熱的原因為，被帶有病媒的蚊子叮咬，而感染。
3. 登革熱的預防方法：
   ⑴避免被蚊蟲叮咬，特別在病媒蚊指數升高時，更應注意。
   ⑵減少或杜絕病媒蚊孳生，清除積水容器。
   ⑶加裝紗門、紗窗，若在流行期或蚊蟲多的地方，可掛蚊帳睡覺。
   ⑷室內外積水的地方，應徹底清除，保持乾燥。
   ⑸殺蟲劑的使用，但應注意人畜安全。
4. 若不幸，罹患登革熱，應多休息，補充水分並充分與醫師合作，遵照醫師指示服藥。

(二)腸病毒

腸病毒（Entero Virus）是一群 RNA 病毒，國內常見的是一種引起手足口症的克沙奇（Coxsackie Virus 和 Echovirus 等）病毒，感染腸病毒後會出現各種不同的症狀，最常見是發燒及出疹，其他如四肢無力、食慾不佳、嘔吐、腹瀉、不安等現象，嬰兒及兒童容易被感染，夏秋兩季是流行的季節。腸病毒主要傳染途徑爲糞便→手→口，病毒可由患者之痰、唾液、糞便排出。再經由口傳染給別人。

1. 腸病毒的傳染途徑主要是由呼吸道的口水飛沫傳染和胃腸道的糞口傳染，或者是接觸到病人的口水、鼻涕及皮膚上潰瘍的水泡等等。另外，也可能是兒童接觸到沒有症狀，但是帶病毒感染者的口鼻分泌物、咳嗽、打噴嚏的飛沫，或是吃進含有病毒之糞便所污染的食物，而被傳染。特別要注意的是，玩具常成爲兒童間傳染的媒介，尤其是帶毛的玩具，更容易因接觸幼童口嘴，造成大量病毒感染而發病。
2. 腸病毒的預防方法：由於腸病毒型別很多，無法得過一次就終身免疫，而且目前並沒有預防的疫苗（小兒痲痺除外），且一般感染並不發展出症狀，又可經口、飛沫、接觸之途徑傳染，控制不易，故提醒民眾應注意下列一般之防範方法：
   (1)增強個人整體免疫力，注意營養、均衡飲食及運動。
   (2)加強個人衛生，尤其需勤洗手。日常生活以肥皂及清水洗手 15 秒至 30 秒，即可消除九成以上的各種細菌，洗手時，應特別注意大拇指、指尖及指縫等處之清潔。
   (3)注意環境衛生，注意環境之清潔及通風。
   (4)避免接觸受感染者，避免出入過度擁擠之公共場所，不與疑似病患（家人或同學）接觸。

⑸高危險群及 3 歲以下小孩要特別小心防範。

⑹有身體不適時，速看醫師。

四、棲蘭山檜木林問題

棲蘭檜木林區是全球碩果僅存的檜木林區之一，以台灣原有的扁柏爲主要林相的天然林，學者專家都認爲棲蘭檜木林是世界珍貴稀有森林，退輔會以「整理枯立倒木」爲名，主張開發。民間、學者及生態保育團體則主張保護，各方勢力相互堅持，因此陷入保護與開發的兩難。

㈠棲蘭山檜木林議題背景

1. 源　起

退輔會森林保育處（簡稱林開處）於 1998 年提出未來五年清理棲蘭山檜木枯立木之計畫，「林開處」將一級原木的銷貨收入預算，成爲全國唯一持續破壞天然林，違反 1991 年政府標伐天然林地的單位。環保團體認爲其假借枯立倒木之名，行伐木營利之實，甚至未來可能利用棲蘭檜木林模式，延伸砍伐全國殘存天然林，故於 1998 年底提出保護棲蘭檜木林的議題，該年連署人數已超過 10 萬人次，並有數千人在各地遊行，爲搶救棲蘭檜木林請命，其運動訴求如下：

⑴立即訴求：

①立即終止枯立倒木處理作業。

②駁回民國 89～93 年度新開發計畫。

③裁撤退輔會森林開發（保育）處。

④全國林地管理一元化。

⑵近程至中程訴求：成立檜木林國家公園或生態保護區，將天然

林的禁伐明令立法，全國林地總分類，永續營林的對象，確訂在目前的人工林地，今後任何伐木營林，皆必須進行環境影響評估。

(3)中程至長程訴求：全面修訂森林法及相關法規，建立自中央脊稜山脈以迄海邊的全國保育網，全力搶救全國各類自然生態系，積極復育各生態系已破壞的天然林，培育自然情操與土地倫理文化。環境團體認爲爲永續保護這片天然國寶林，應該在該處成立國家公園以保護之。

2. 棲蘭山區

退輔會森林開發處（民國87年3月更名爲森林保育處）轄下88,160公頃林地，區分爲棲蘭山林區及大甲溪林區，棲蘭山林區面積45,851公頃，地跨宜蘭、桃園、新竹及台北縣的山地，是北部台灣之生態系的保育中樞地域。棲蘭地區處於雪霸國家公園之北，範圍大致以雪山山脈主稜上雪白山（2,448公尺）向東北延伸之山嶺爲主，包括兩條西北東南走向之支稜所包含的集水區，這些稜線正好爲北部（台北、桃園、新竹以及宜蘭之縣界）。海拔高度則由蘭陽溪畔向東北延伸，面積涵蓋了大漢溪上游的雪白山、鴛鴦湖、棲蘭山、明池、拉拉山神木群、歷代神木群，蘭勢溪上游的福山植物園、松蘿湖等池。

(1)棲蘭山區檜木林：爲台灣經過百年伐木營林之後，僅存以扁柏爲主的檜木原始林區，位於棲蘭山林區中的事業區面積約12,000公頃，宜蘭縣境內約有3,000公頃，合計15,000公頃，蘊藏約300萬立方公尺的蓄積量，爲全球冰河之遺跡，爲世界級國寶活化石生態系，地處全台最大降雨帶，爲台灣水土保持、國土保安最重要的林區。

(2)棲蘭國家公園：南以雪霸國家公園之北界爲邊界，山系主軸沿唐穗山、塔曼山、南北插天山；東北向沿棲蘭山、拳頭姆山、阿玉山；北界以烏來以及北宜公路爲界；西北涵蓋包括北橫復興鄉、斯馬庫斯等，成爲北台灣中海拔天然林之完整格局。棲蘭山檜木林區可確立爲檜木主題型之國家公園，並將北邊山毛櫸等珍稀林型悉數涵納大台北水資源保護區。

3.棲蘭生態環境及地位

⑴檜木之生態環境：棲蘭的氣候受到東北季風的影響，每年自10月起到翌年4月爲主要雨季，終日雲霧不斷，稜線冬季有雪，夏秋季則颱風帶來雨水，雨水豐沛。在海拔1,300公尺以上稜線植物相主要爲扁柏純林，稜線兩旁溪谷處則多爲紅檜，其他闊葉植物則有台灣難得一見的山毛櫸純林，1972年發現之新紀錄植物爲殼斗科、木蘭科、山茶科之原生植物以及其他著生在樹幹、岩石或地生、腐生之各類蘭花更是繁多。動物方面則有台灣黑熊、水鹿、山羌、獼猴、飛鼠、帝雉、藍腹鷴、朱鸝等野生動物，是台灣中海拔山區的一大生態資源寶庫。

⑵檜木之生態地位：

①檜木類僅見於日本、台灣及北美，是古地史第三紀珍貴活化石之遺跡。台灣現有二種檜木，爲全球僅有的紅檜及扁柏特有種。

②受蘭陽溪上游及台灣東北半壁因東北季風效應，及西南氣流影響，形成山區終年潤濕。檜木類，如扁柏林，得到充分水分，反映出最佳土地文化的終極生態系，台灣扁柏更是現今全球唯一尙存之純林林相區，爲世界頂級自然遺產。

③兩種台灣檜木有雜交跡象，其生態系爲全球獨一無二生態系，堪稱台灣向世界學術界提供最具潛力的植群，其價值無

以倫比、無可替代。

④爲林業文化史的活見證，檜木林爲台灣百年來林業之最主要對象，山林開拓史亦以奉之爲圭臬，如今中海拔巨木林主體全毀，僅存之檜木，北部扁柏以棲蘭爲主，南部紅檜以秀姑巒爲主，納入保育後，爲林業文化史的活見證。

⑤棲蘭扁柏純林的環境條件，扁柏純林爲生態演化上的終極完滿群落之一，也是北台灣最大降雨帶的活水源頭，此檜木林爲庇蔭北台灣之水土保持最重要的穩定基礎，涵蓋北、桃、竹、基、宜賴以爲生之自然系統的中樞，沒有任何人造系統可以取代的。

⑥棲蘭爲台灣尚存原始檜木林之自然度第一級森林，也提供了完整的生物物種之基因庫，爲演化、復育的大本營。

⑦檜木林的研究，可以提供地球生物在冰河時期遷徙的解謎關鍵，提供研究台灣植物或生物地理探討。

⑧台灣檜木林之間分布介於溫帶與亞熱帶之間，正是針葉林與闊葉林的交會帶，檜木林爲台灣植群或植物界演化史中不可或缺的環節。

㈡主張清理棲蘭檜木枯立倒木之理由

1. 台灣的檜木林多屬過熟（Over-mature）林相，若不更新將使生態系發生劣生性變化，導致滅種現象，造成基因資源損失，應進行人工清理砍伐，以助其更新。枯立林移除不僅有利於林木的自然更新，並可保持林相整體之豐富性，更有利其他動物繁衍。農委會林業處長陳溪洲，曾說明「枯立倒木」處理後，一平方公尺更新苗達兩千株，是極端成功的範例，因此，表明農委會支持退輔會未來五年的變相伐木新計畫。

2.檜木林並非最終林相的極相社會，終將成爲闊葉樹所取代，且因其林下欠種苗或局部過度集中，假設若不將這些過熟林施以人工處理，檜木終將滅絕，何況林木必將老死，不砍白不砍，砍除且施以更新，森林才會更健康。
3.檜木不太容易腐爛，會阻礙檜木種子著土，即使倒木上的苔蘚層上可以長出檜木苗，苗根亦無法入土，而不能成林。
4.檜木屬淺根性林木，若遭大風豪雨，容易枯死。
5.枯木樹幹倒塌會壓死幼苗稚樹。
6.若不清除枯木會增加鼠害，且容易引起火災。
7.移除枯木有助避免病蟲害擴大。
8.非綠色林相，造成景觀缺陷。
9.颱風豪雨之後，溪水洪流所沖失的枯倒樹木會阻塞溪流、損毀堤壩、影響水利安全。
10.檜木具高經濟價值，每一株枯立檜木價值高達百萬，枯立木若不砍伐，是浪費資源的行爲。

台大森林系技正廖志中先生亦說，不要以一己偏狹的保育觀念，以作爲事件擴張的依據，生態保育不是任其自生自滅。其觀點爲：

1.枯立木或風倒木若不移除，影響周遭正常林木之生育及林相豐富性。
2.老死林木移除，若加上適當的撫育，可使天然林更旺盛。
3.就病蟲害觀點，枯木要移除，以免病蟲害擴大。
4.枯木的移除與水土保持無關聯。

㈢反對清理棲蘭枯立檜木之理由

環保團體反對清理檜木的理由如下：

1.檜木類是古地史第三紀留遺植物，爲活化石，棲蘭的檜木林是全球唯一不可多得的林相，應予保護。

2. 退輔會森林開發處目前正進行的檜木林枯立倒木作業，在法規上面，存有嚴重矛盾之處。自 1991 年禁伐天然林頒布後，由於枯立倒木係屬天然林的一部分，枯立倒木的處理當是天然林，直接違反命令。然而，森林法第 30 條賦予保安林作業可經主管單位核定的漏洞，導致命令與法規衝突。

3. 枯立倒木處理最主要依據學理在於更新之議題，數十年來檜木林難以更新，必須藉助人爲措施的說法，係屬觀察有限，研究不足、引證錯誤、偏頗推論、武斷之結論所致，忽略長期生物演化之思考。

4. 棲蘭山區位於中海拔雲霧帶，是台灣降雨量最大、濕度最高的地區，整個檜木林被陰濕的苔蘚植被覆蓋，根本不易引起天然森林大火。

5. 棲蘭山有多數林班，位在石門水庫上游集水區，政府准許森林開發處在該地區整理（砍伐）枯立倒木或風倒木。因檜木具高經濟價值，森林保育處從砍伐林木過程、砍伐後的檢尺、運送、經過棲蘭山守衛站的檢察、放行、運送至森林保育處宜蘭市的儲木場置放、標售等等程序，均一手包辦，實質上根本沒有其他機關可以制衡監督，是否有盜砍生立木之嫌，令人懷疑。

6. 將生立木變成枯立木的方法很多也很簡單。只要先用怪手或纜索將其拉斜，等颱風或豪雨後就成了枯立木，或者利用環剝樹皮使樹枯死，況且森保處連根部都運出，因此，被砍伐的林木究竟是生立木或枯立倒木？無從查證，亦無從監督。

7. 伐木派認爲枯木若不砍掉搬出利用，會造成珍貴森林資源的浪費，也容易引起盜伐、盜運和森林大火。但棲蘭山區位於中海拔雲霧帶，是台灣降雨量最大、濕度最高的地區，整個檜木林被陰濕的苔蘚植被覆蓋，根本不易引起天然森林大火；且若退輔會保育處加強查緝，盜伐、盜運的現象也會遏止，豈有主管單位因噎廢食地將原始檜木砍伐，以禁絕盜伐、盜運之理？

8. 伐木派主張檜木屬淺根性林木，若遭大風豪雨，非常容易枯死，加上檜木不太容易腐爛，也會阻礙檜木森林更新。環保團體質疑，若檜木為淺根性林木而容易傾倒不易存活，則為何台灣的千年神木多屬檜木類？再者，即便倒下的檜木不易腐爛，在生態系的自然演化下，仍有許多生物依賴其維持生存，形成台灣森林生物相最豐富的區域，如帝雉、藍腹鷴即棲息其間。

9. 林業人士以環保與水土保持的觀點認為維持森林旺盛生長量有助於降低溫室效應，而適當撫育以保持林相完整，可避免土石流與山崩，環保人士認為在此論點下，要訴求的是「加強造林」，與其移除原始林的枯立木，不如將人力與經費花在已伐木而光禿禿地區的造林與生態復育，況且，今之土石流、攔砂壩潰決，不都是人為濫墾破壞？與天然枯立倒木何干？

10. 伐木派就病蟲害觀點認為移除枯木有助於避免病蟲害擴大。保育界則認為林木之病蟲害幾乎多是人工林才發生，例如：人工柳杉造林地為單一林相，迫使松鼠啃食樹皮，琉球松及黑松亦因此感染松材線蟲漫延全島，但原始林即因具備生命多樣性而很少整個森林枯死，更何況「病蟲害」是人用主義的觀點，而大自然中的各種菌類，原本就是自然生態演化的一環，扮演著分解者的角色，有助於自然循環。

11. 檜木林中多少混生有落葉樹，紅檜綠葉至秋冬季轉褐紅，又如何維持永不變遷的「綠色林相」？所以「檜木林非綠色林相，造成景觀缺陷」為無知之說法。

12. 棲蘭清理枯木作業範圍高達數百公頃，影響範圍又是石門水庫上游集水區的保安林，若依「環境影響評估法」的精神，主管機關應立即停止森保處的「枯立倒木整理作業」，因為整理枯立倒木對石門水庫的淤沙影響很大。

㈣主張成立「棲蘭檜木國家公園」之理由

1. 檜木類僅見於日本、台灣及北美，是古地史第三紀珍貴活化石遺產，台灣檜木因特有，且其所形成的檜林全球唯一，係世界頂級自然遺產。站在台灣乃至全球觀點皆應永遠保育，且應儘速落實在法制及實質上的保護區設置。
2. 台灣地區現有六座國家公園，分別是玉山、太魯閣、雪霸（高海拔）、墾丁、陽明山（低海拔）、金門（戰役史蹟、傳統閩南建築）和正在規劃中的高山型能丹國家公園，唯獨缺少一個可以彰顯台灣地區中海拔豐富多樣性生態體系的國家公園，而棲蘭山區正位處北台灣中海拔且為即將破壞的重要生態區，急需保護。
3. 這一片地區有巴陵、明池、棲蘭等森林遊樂區可提供民眾休閒娛樂的場所，拉拉山神木區、福山神木區、福巴越嶺線、歷代神木園則適合發展較深入的生態旅遊活動。在人文史蹟方面，復興鄉、尖石鄉中有多處泰雅族重要聚落，仍保有許多泰雅人之傳統工藝及習俗，此區亦有翻越雪山山脈的舊路和日據時期所開闢的古道及炮台遺蹟。再加上插天山、哈盆、鴛鴦湖等自然保留區，這個地區有必要劃立為國家公園以達成保育、育樂及研究的目標。棲蘭可成立為檜木主題型國家公園，並將北插天山山毛櫸珍稀林型、北勢溪等大台北水資源心臟地域悉數涵納，並確保北台灣自然生物全方位的保育工作。
4. 就全國自然保育而論，歷年來僅偏重在人為價值、欠缺研究或無知判斷的所謂珍稀物種，但卻遺漏檜木林帶內諸多活化石之曠世物種，例如：台灣杉、台灣擦樹、台灣華參、檜木……，僅以一般論及物種之歧異度，卻忽略生態系及棲地歧異度。國家公園可保護該區域之活化石，並做更深入的研究。

5. 農委會打算委請專家評估規劃設立所謂「棲蘭山檜木林生態公園」，或是森保處提出要成立「棲蘭森林公園」，均無法令根據，即使設立也無法達到「保護」的目的，反有可能造成天然檜木林私有化。現行文資法「自然文化景觀」所訂之「生態保育區、自然保留區及珍稀動植物」，雖然亦有禁止改變或破壞原有自然生態，但不夠嚴謹，且管理機關可以是在地地方政府，管制方法只說要定期巡邏或動員當地警察協助，就日前成立之保護區觀察，或有流於形式之虞，至於所謂自然公園，完全欠缺保育法規。
6. 國內生態法規有：國家公園法、森林法、文化資產保存法、野生動物保存法、野生植物保存法等等。其中國家公園法及管理處頒訂的必要辦法，是國內相關法規中，對生態保育最嚴格的保護措施。
7. 國家公園有專屬的保育警察及巡山員，可確實達到荒野地管理之目的。

台灣紅檜及扁柏在台灣及世界的生態及植物演化上都有其重要的地位及研究價值。但也因其高經濟價值而遭到砍伐的命運。雖然清理枯木案暫時停止，但是其生存危機並未完全消失。成立國家公園，將棲蘭列爲生態保護區或許可以暫時保護該區域。如果退輔會森保處仍存在，且其預算必須靠伐木自行取得，即使國家公園成立後，問題仍然存在。因此，行政院是否將森保處的預算改成公務預算，攸關棲蘭檜木林能否免除砍伐之厄運。此外，希望將台灣生態保育有關的機構統整，成爲層級較高的自然資源保護署或國家公園署；並且顧及當地原住民的生活與文化，也是我們在棲蘭案之後應思考的課題。

五、廢五金（戴奧辛）問題

㈠緣　起

自民國 55 年開始自國外進口廢五金，從事資源回收與再生作業，以謀取利益。所謂廢五金包括：廢電線電纜、廢鋁線、鋅渣、廢馬達、廢電腦、廢電話機、廢電話交換機、廢冷氣機、廢汽車切片等。處理場所，最初主要在台南的灣裡，其後逐漸擴展至台南縣之仁德，以至高雄縣的茄萣、湖內等處。

㈡廢五金之處理方法與污染情形分析

過去廢五金之處理方法，不外是拆解、露天燃燒、酸洗、冶煉、粉碎等五種，如表 13-2：

表 13-2　廢五金處理方法與污染情形表

處理方法	污染情形分析
拆　解	以手工敲擊或簡易機械解體，易造成土壤污染及廢棄物污染
露天燃燒	露天燃燒為最簡單的方法，以汽油和一根火柴即可達到目的。但造成污染問題也最大，除了黑煙、惡臭及其他有毒氣體污染外，更有可能產生戴奧辛。
粉　碎	以機械將粗大的塑膠、鋁皮、鉛皮……等外表粉碎，造成廢棄物污染。
酸　洗	以強酸如：鹽酸、硫酸、硝酸等強酸或單獨使用或合併使用，溶解回收金、銀等貴重金屬。並將廢溶液排入溝渠，造成二仁溪嚴重水污染。
熔　煉	以熱將廢五金熔解金屬渣，嚴重造成空氣污染。

㈢廢五金取締之困難情形

1. 取締困難，業者都在曠野燃燒，並以小堆方式在空地燃燒，大部分利用夜間點火後即離開，且設路障，不易取締。
2. 因罰鍰太輕，業者也不畏取締。
3. 業者以塑膠桶來酸洗廢五金，洗畢隨地傾倒，不易取締。
4. 告發單位人手不足。
5. 廢五金處理是極複雜的行業，從事該行業的業主，成員很複雜，造成公害，民眾往往敢怒不敢言。
6. 政府的公權力不彰，增加許多民怨。
7. 民國 82 年 6 月，政府重視廢五金造成的社會問題，全面禁止廢五金進口，廢五金污染問題也譜下一休止符。

六、鎘米與銅木瓜

從電視及報章媒體上，接二連三發生的鎘米事件對台灣的民眾造成莫大的衝擊，再加上先前的銅木瓜事件，不禁讓全台灣的民眾每天都活在懷疑、恐懼當中，深怕自己所吃下去的米或水果裡頭是含有重金屬污染的產物。到底這些鎘米及銅木瓜是如何產生的？爲何會有這些受污染的農作物事件一再地出現？而對於這些頻頻引起民眾恐慌的事件的問題該怎樣來解決？

㈠什麼是鎘米？

當然不是新改良品種的米，而是受重金屬——鎘（Cadmium）所污染的農地生長出來的稻米。民國 90 年 6 月 14 日環保署接到農委會藥物毒物試驗通知，發現雲林虎尾有兩處農地的稻米含有鎘之重金屬。

㈡銅木瓜

發生的時間與鎘米污染事件相隔不久，屏東地區傳出「銅木瓜」，也就是木瓜也受重金屬銅的污染。此兩項污染事件，引起社會大眾恐慌，知道的不敢吃米、吃木瓜，不知道的，還莫名其妙，爲什麼木瓜價格突然下跌，且沒有人買呢？

㈢污染的原因

重金屬鎘污染的途徑，某些工廠常用鎘，來作鎳鎘電池、染料、塗料色素及塑膠製程中的穩定劑。這些工廠所排出的廢水若未經妥善處理，而逕行排入灌溉渠道，就會使農地受到鎘的污染。農作物吸收這些鎘元素，就長出的米就是所謂的鎘米。

銅木瓜的發生，則是不知情的農民在承租土地上種木瓜，該土地是已被傾倒有毒廢棄物的農地，重金屬被木瓜樹吸收，長出的木瓜就被銅污染了。

重金屬污染事件，以日本 1950 年代發生的水俁病（痛痛病，Itai-itai Disease）最有名，原因是附近的工廠，將含有重金屬汞的水流排放到溪流，再流入海灣，重金屬汞隨著食物鏈進入魚類的體內，人們吃了魚類後，產生肌肉無力、視力模糊、骨骼受到破壞，全身到處疼痛，極端痛楚。重金屬中毒後，沒有有效的根治方法，在當時，重金屬污染在日本傳出後，震驚全世界。我國民國 80 年代在桃園的大潭村也出現國內首宗的鎘污染事件，原因是一家化工廠將未經處理的廢水，直接排入水溝及農業溝渠所造成的，水稻吸收了重金屬長出來的稻米，就是俗稱的鎘米。

㈣對本事件應有的認識

1. 注意鎘米或銅木瓜的流向，是否已銷毀。
2. 促使政府（環保署、農委會）單位，繼續查察污染來源以及加強蔬果檢驗工作。
3. 暫時不吃該蔬果或向有安全標章的商店購買該蔬果。
4. 敦促政府追蹤和取締有毒廢棄物和重金屬污染的出處。
5. 嚴格查緝污染源。
6. 其他。

第四節　環保生活品質與環境痛苦指數

一、環境生活品質

經濟成長與生活品質息息相關，先進國家國民在經濟發展之餘，更追求生活品質與精神文明，致力於提昇生活品質與精神文明，即使犧牲經濟成長率，也在所不惜，在這種高水準的價值觀的導引下，國民生活品質遠超過其國民所得，歐美及紐西蘭等國就是實例。相反的，往往過度開發與人謀不臧的弊病下，整個社會環境的品質必然更趨惡劣。到底人們想要過什麼樣的生活？環境之視覺美是生活品質表現，也是公共資產，誰願意看到居家附近都是雜亂的垃圾、滿地的檳榔汁、到處是狗大便呢？改變生活品質必須從環境教育開始。就資源來說，人類生活品質係數（Quality）為全部可利用資源（Total resource, Tr）除以人口密度（Population density, Pd）與每個人的消費量（Person consumer, Pc）之乘積，即在有限資源的情況下，若分母愈大，則 Q 愈小，人們生活品質愈差。隨手做環保，生活品質才會好，就是這個道理。

$$Quality = Tr / Pd \times Pc$$

二、什麼是「環境痛苦指數」？

財團法人環境品質文教基金會，有鑑於了解生活在台灣地區的民眾，究竟是如何看待環保問題？民眾對於台灣環境污染的忍耐程度如何？是否已經達到痛苦的臨界點？什麼是民眾心目中感覺到最嚴重的環境污染問題？而對於推動環境政策的環保主管機關及政府官員，民眾的滿意程度又如何？每年定期委託民意調查機關進行環保民意調查，所得到的一個指標數字稱之「環境痛苦指數」，並提供政府單位做爲環保政策的施政參考。

如何解讀「環境痛苦指數」？就上述的環保民意調查，是以國內目前常見的 20 種環境問題作爲調查問卷的主題，以全國民眾爲母體進行抽樣。藉電話訪問的方式由民眾依自己對環境議題的感受知覺評分。原則上選項的計分爲「愈嚴重者愈高分，愈不嚴重者愈低分」，是一種反向的計算方式。最後將所有受訪者的評分加以平均，即得出我國民眾對環境問題的態度指標——環境痛苦指數。環境痛苦指數最高分爲 100 分，最低分爲 20 分。在客觀環保問題指數計分部分，「非常嚴重」爲 5 分、「嚴重」爲 4 分、「不確定」爲 3 分、「不嚴重」爲 2 分、「非常不嚴重」爲 1 分。以 20 個項目爲準，其中以空氣污染指標、水污染指標、廢棄物問題指標、生態問題指標、噪音污染指標及惡臭污染指標等爲項目。最後將所有訪問的評分加以平均，即可得我國民眾對環境問題的痛苦指數。由環境品質文教基金會每年公布調查的結果。

三、環境倫理

環境倫理就是現代人已體驗出環保的重要性，探討人與環境間的倫常以及人與環境關係的原理，人類是不能脫離環境而生存，人們也不可以將環境占為己有，環境是屬於全球人類的。例如：將土地視為私有財產任意開發，任意開發山坡地種植淺根性檳榔或興建大廈，大雨颱風一來造成對大地的嚴重衝擊，也造成生命財產損失，害己害人，就是環境倫理的一例。

第五節　環保金句與環保標章

一、環保金句

以下是有關環保的金句、標語，您對下列哪一句話感受最深？為什麼？您還想到有哪些可以提供大家參考的辭句呢？

㈠生態方面

1. 大地是生命之母。

2. 河川是人類文明之母。

3. 回歸自然（Return to Nature）。

4. 地球只有一個。

5.「地球」是我們向下一代暫借住的。

6. 地球是房東，人類是房客，房客必須善待借住的房子。

7.沒有買賣，就沒有殺戮。

8.萬物並育而不相悖。

9.天人合一。

10.青山常在，細水長流。

11. Be gentle with the earth.

㈡環保方面

1.除了相片之外，什麼都不取；除了足跡之外，什麼都不留。

2.生活簡單樸實，就是環保。

3.環保從小做起。

4.舉手之勞做環保，生活沒煩惱。

5.垃圾不傳下一代。

6.不要讓嫦娥笑我們髒。

7.生命共同體，就從社區環保做起。

8.環保若作好，下一代沒煩惱。

9.亂丟是垃圾，回收即資源。

10.環保即生活。

11.生活簡單就是享受。

12.簡單就是美。

13.因為簡單，所以豐富

14.你我多用心，垃圾變黃金。

15.環保行動，皆由心起

16.垃圾分類好，荷包無煩腦。

17.保護始於覺醒（Protection Starts with Awareness）。

二、環保標章

環保標章就是環保標誌，讓人們在消費時，有一清楚之識別體系，且能以最簡易、最方便的方法，去辨認綠色消費的行為。環保標章之制度產生最早起源於德國，後來世界各國都開始使用，我國則在 1993 開始推行環保標章。一般環保標章的目的有四項：

㈠就消費者而言

透過政府環保標章之授與，提醒消費者對該產品的認識，進而改變其消費行為，喚醒消費者的環保意識。

㈡就生產廠商而言

可喚起廠商環保意識及責任，使廠商都願意改善產品設計和生產技術，生產符合環保標章規定的產品，提昇企業形象，以達到改善環境之目的，因此，有所謂綠色設計。

㈢就經濟發展而言

消費者傾向使用環保標章產品，環保標章之重要性即會顯現，促進經濟發展。

㈣就環境而言

促使環境品質的提昇，倡導資源回收。

環保標章為綠色產品之註冊商標，綠色消費是全世界的趨勢，表 13-3 的標誌，您知道它的涵義嗎？

表 13-3　國內環保標章

標　誌	說明（可先遮住，測試自己了解程度）
	1. 圖案為一片綠葉包裹著地球。 2. 以綠色代表綠色消費，造形似台灣。 3. 綠色地球象徵不受污染的地球。 4. 綠色地球消費是全球性的。 5. 表示「綠色」產品。 6. 環保字第 0327 號
	1. 回收標誌。 2. 表示資源可回收，再利用。 3. 表示四合一回收制度。
	環保義工徽章，表示一種榮譽。
	1. 表示塑膠材料 2. 如汽水瓶、食物飲品。 3. 三角內的數字表示不同材質。

表 13-4　塑膠材質分類

	編　碼	材　質	使用場合
1	1 PET　1 PETE	Polyethylene Terephthalate（聚乙烯對苯二甲酯）	如：透明汽水及寶特瓶、食品包裝，俗稱寶特瓶。
2	2 HDPE　2 PETE	High Density Polyethylene（HDPE）（高密度聚乙烯）（硬性軟膠）	如：食物、洗潔精及化妝品瓶，工業包裝及薄膜，背心膠袋。
3	3 PVC　3 V	Polyvinyl Chloride（PVC）（聚氯乙烯）	如：包裝薄膜、信用卡、盛水容器、水管、寶特瓶。
4	4 LDP　4 PE-LD	Low Density Polyethylene（LDPE）（低密度聚乙烯）	如：保鮮膜、背心膠袋、彈性容器、食品包裝。
5	5 PP	Polypropylene（PP）（聚丙烯）	酸乳酪及牛油器皿、糖果及小吃包裝、醫療用品包裝、牛奶及啤酒瓶箱、洗髮水瓶。
6	6 PS	Polystyrene（PS）（聚苯乙烯）（硬膠）	保麗龍、塑膠杯碟、外賣飯盒、乳製品容器。 發泡聚草苯乙烯，即俗稱保麗龍。
7	7 OTHER	Others 其他所有未列出之樹脂及混合料。	其他樹脂或合成製品，例如：飲品盒及可擠捏的蕃茄醬瓶。

表 13-5　毒性物質標章

標　誌	說　明
毒性物質 POISON 6	象徵骷髏與兩根交叉腿骨為黑色，背景為白色，數字為 6 置於底角。

問・題・與・討・論

1. 閱讀上述的相關資料與雙方的意見，你的結論是什麼？又為什麼你有此結論？
2. 假如再遇見有類似的生態環保的問題，你（妳）會持什麼立場？或怎樣看待這些問題呢？
3. 假如有保育團體邀約你參加遊行活動？或主動組織參與抗爭活動？你（妳）會持什麼立場？你（妳）會利用管道發表自己的看法嗎？
4. 有人建議成立國家公園，尊重原住民山林文化，讓林業回歸自然，你的觀點為何？你對於成立棲蘭國家公園的看法是什麼？你會參加抗議連署嗎？
5. 環保意識對環保重要嗎？
6. 居家附近有哪些環保志工值得褒揚的？
7. 拾荒老人對環保的貢獻有哪些？
8. 週休二日，民眾對環境的影響？（如露營、烤肉、休旅車、水上摩托車……等）
9. 哪一種（幾號）塑膠材質可以用在微波爐上？（答案：5 號 PP.）
10. 保麗龍是屬於幾號塑膠材質？
11. 幾號寶特瓶材質可以加溫開水？（答案請選 2、5 號）
12. 國人嚼食檳榔所引發的環保問題有哪些？
13. 請舉例說明國內環保與開發的問題癥結？例如：七股的未來、八色鳥的保護、流浪狗之管理，請查相關網站回答之。

第14章

環保教學活動設計——由遊戲中學習生態概念

我們往往認爲教學是嚴肅的，而遊戲卻是無助於教學意義的。然而一個有意義的遊戲，不但小學生會喜歡，連大學生也將樂此不疲，因爲是有意義的教學活動，給予學生長效記憶（Long-term Memory），亦較灌輸式的教學更爲有益。這裡有一個遊戲是取材自美國某教育機構所出版的project WILD，在使用時，可將部分作更動。例如：熊在美國是比較普遍的動物，但在台灣並不是。所以，可以另外選用本土的動物來代替，不必完全照章行事。又人數亦可按比例來調整，不必完全按照書上所說的。所用的顏色紙等之顏色可自行設計及變換。食物名稱亦然。

第一節　有多少隻熊能生活在森林中？

一、目　的

使學生能：㈠定義一個棲所（Habitat）的主要組成；㈡認識一限制因子（Limiting Factor）。限制因子是某一種生物生存在某一環境中不可或缺的物質或條件。若缺少這種條件，這種生物就不能夠生存。

二、方　法

學生在這個體能活動中，扮演「黑熊」去尋找棲所中一個或兩個賴以維生的東西。

三、背　景

在此建議教授這個單元之前，教師可以先有一或兩個單元與此相關之教學活動，提到適應（Adaptation）基本生存之需要、擁擠、負載能力（Carrying Capacity）、棲所的消失、及限制因子等名詞。

在這個單元活動中，黑熊是焦點，以牠來說明野生動物之適當棲所的重要性。強調限制因子之概念的一種方法，就是用一種或多種棲所之組成要素——食物、水、居所（Shelter）和空間的適當組合等等來表達。

黑熊的棲所限制了其族群（Population），特別是受到這種動物的居所食物之供應、社交的容忍度或領域性的影響。居所或隱蔽處是一主要的因素。黑熊需要有隱蔽所作為覓食、躲藏、睡覺、旅行（遊盪）、養育小熊，還有窩居。如果空間不足的話，大熊就會把小熊殺掉或者把小熊趕出牠們的領域。這些幼熊只好到處遊盪直到牠們死掉，或者直到牠們找到一處有空的地方，例如：有隻大熊死掉而空出來的地方。

當食物的供應因為氣候的變動而短缺的話，競爭更形激烈。有些大熊也許會暫時搬遷到牠們家園的偏僻處，有時竟達數哩之遙。牠們得依賴在那個地區所能找到的食物維持生存。牠們也許會變得瘦弱而無法過冬，又或者，如果是幼熊，則可能被其他較兇惡的熊或其他動物驅逐而離開那裡。

棲所的所有組成要素都很重要。食物、水、居所和空間都不能單獨的存在，必須配合的恰到好處，使黑熊適得其所。對黑熊來說，居所是特別重要的。

這個遊戲的設計並沒有涵蓋所有的可能性。但由這個簡單的說明，學生可以了解限制因子的概念之本質。

這個活動的主要目的乃在學生能夠明瞭適切棲所的重要性。食物的短缺和（或）居所或是所謂限制因子的兩個例子，即影響某種動物或某種動物族群的生存的東西。活動步驟如下：

器材：五種不同顏色的厚紙壁報紙亦可，每個顏色 2～3 大張；一支黑色簽字筆；信封（一個學生發一個）；鉛筆；一條眼罩（或深色手帕）。

步驟 I：

1. 用有色紙作 2 吋見方的紙卡，如果學生人數在 30～35 人，五種顏色各作 30 張卡片來代表食物。作法如下：
   (1)橘色堅果（橡實、胡桃、核桃、山胡桃）；其中 5 張標記 N-20，25 張標記是 N-10。
   (2)藍色漿果及水果（黑莓、接骨木果實、覆盆子果實、野生櫻桃）；5 張標記 B-20；25 張標記 B-10。
   (3)黃色昆蟲（蠐螬－即甲蟲之幼蟲、昆蟲幼蟲、螞蟻、白蟻）；5 張標記 I -12；25 張標記 I -6。
   (4)紅色肉：老鼠、齧齒類（如松鼠，兔等）、野豬、海狸、麝香鼠；5 張標記 M-8；25 張標記 M-4。
   (5)綠色植物（葉、草、草本植物）；5 張標記 P-20；25 張標記 P-10。

註：卡片上的數目字代表食物的重量英磅，每個學生分配到的食物應該少於 80 磅，所以這個森林，事實上食物是不夠所有的「熊」活下去的。以下是在這個活動中，估計每隻熊 10 天所需要的食物為：

堅果 20 磅=25%
漿果和水果 20 磅=25%
昆蟲 12 磅=15%
肉 8 磅=10%
植物 20 磅=25%

80 磅=100%

上表乃代表典型之熊的食物，實際上每隻熊的食物的組成依所在地區、季節、年份而不同。例如：生於阿拉斯加的熊比起亞利桑那州的熊會吃比較多肉（魚），而少吃堅果（因為阿拉斯加天寒地凍，植物較少。而亞利桑那州天氣炎熱，植物較多。）各地的熊有一共同食性即是，其食物多數是植物性的。如果你願意的話，也可將「水」包括進去，再作50張淺藍色的卡片，每10張一疊分別標以下列之一種字母：R. L. ST. SP.及 M.（分別表示河流 river，湖泊 lakes，溪流 stream，泉水 springs 和沼澤 marshes——這些全部代表熊可以找到水的地方。）如果你的學生人數超過或少於31～35個學生，可利用上表來幫助你決定需要作多少卡片。

2. 不要告訴學生，這些卡片的顏色、英文字母和數目各代表什麼意思。只要告訴他們，這些卡片代表熊吃的各種不同的食物。熊是雜食性的，牠們喜歡各種食物。所以他們應該拾取不同顏色的卡片，表示吃各種不同的食物。

步驟 II：

1. 在一個開闊的地方（例如：50 呎×50 呎），把作好的有色卡片散置地上。
2. 請學生在自己的信封上寫上自己的名字。這是代表他們的「窩居之處」，並要他們把信封都放在地上（也可以用小石頭壓在信封上），排在這個區域邊緣的一條線上（邊緣）。
3. 請學生排好，站在這條線上，把信封放在他們兩腳之間的地上。給學生以下的指示：

   (1)現在你們都是黑熊，每隻熊都和別人不一樣，就像你和我也不一樣。你們中間有一隻熊是幼公熊，牠還沒有找到自己的領域。上禮拜牠闖入一隻大熊的領域（地盤），在牠還來不及逃走之前，就受傷了，所以牠一隻腳跛了（指定一個學生為跛腳的熊，因為一隻腳受傷了，所以牠得用另一隻腳跳著走路。）。

(2)另一隻熊則是一隻年輕的母熊，牠去探索一隻豪豬（箭豬），因為靠得太近，被箭豬身上的刺弄瞎了眼睛（指定一個學生作瞎眼的熊，她要蒙上眼罩）。

(3)第三隻比較特別的是一隻熊媽媽，牠有兩隻非常稚嫩的小熊，所以牠必須尋找2倍的食物才夠自己和兩隻小熊吃（指定一個學生擔任熊媽媽）。

4. 學生要用「走」的進入森林，熊並不會跑著去覓食，牠們會去蒐集食物。當學生找到一卡片顏色時（一次只能拿一張），就拾起，回到他們的「窩居之處」，之後才能再去撿第二張（事實上，熊並不是回到家才吃東西，牠們找到東西時當場吃掉。）。

5. 當所有的食物卡都撿完了，蒐集食物的部分就結束。請學生拿著自己的信封（內有他們蒐集的食物），回到教室。

步驟 III：

1. 解釋每一種顏色和數字代表的意義。每種顏色代表一種不同的食物，而數字表示食物的磅數（重量）。請學生把他蒐集到的食物的磅數相加，不管那是堅果、肉、昆蟲、漿果或植物。每個人在他信封外面寫上食物的總量。

2. 在黑板上列出「盲」、「跛」和「熊媽媽」。問盲熊牠蒐集到多少食物（有時候，我會在蒐集食物的活動中，另外邀請或指定一位學生，用手拉著這位扮演瞎熊的學生去找食物，否則他可能根本茫茫然，連一張卡片也找不到。）在「盲」之後，寫下食物的重量。並且寫在黑板上。告訴學生每隻熊需要 80 磅的食物才能活下去。哪些熊可以活下去，有足夠食物使每隻熊都活下來嗎？瞎眼的熊蒐集到的食物有多少磅。牠會活得下去嗎？熊媽媽又如何，牠有沒有蒐集到雙倍的食物？如果牠先餵飽了小熊，牠自己呢？又如果牠自己先吃的話，會怎麼樣？如果小熊死了，牠能不能以後再生小熊？（熊媽媽會吃小熊剩下來的，如果有剩的話。熊媽媽必須要活下去，牠是族群繼續存在的希望。因為牠以後可以再生小熊，只要有一隻小熊活下來這個族群就可以保持穩定。）

3. 如果你使用水的卡片，每個學生至少要有一張水的卡片，代表水源，否則牠無法生存。水是一種限制因子，是棲所的必要組成要素。
4. 請學生記錄到他所蒐集的五種食物各多少重量，並且要他們換算他所蒐集的食物所占總量的比例（百分比）為若干。

評量：

1. 將黑熊的背景知識提供給學生，讓他們比較他們所蒐集到的和實際上亞利桑那州的熊，一般所吃的食物，有何百分比上的差異。要學生猜測牠們（熊）到底有多健康。
2. 而拿熊和人的需要來相比的話，熊如何維持一個平衡而有營養的食譜？
3. 請學生把全班所得之食物重量相加，總數再除以 80 磅，一隻熊大約需要 80 磅食物來維持牠 10 天的生活。這個棲所可提供多少熊來生存呢？如果只有一隻熊可以存活下來，這樣實際嗎？到底有百分之多少的熊活下來呢？而如果食物平均分配的話，有多少的熊可以生存？哪些限制因子、文化和大自然的情況，實際上影響一個地區中的熊和熊的族群的生存？為什麼我們班上要作這個活動呢？

第二節　生物放大作用

殺蟲劑是科技的產物之一，可以用來控制害蟲。殺草劑可以用來去除雜草等我們不想要的植物。如果殺蟲劑或殺草劑裡含有毒素，這些毒素會跑到它不該去的地方。很多有毒的物質，往往在想不到的地方、不該在的地方累積其濃度，例如：在動物和人的食物和飲水中。例如：有一種殺蟲劑（是一種從無機物化合而成的化學物質，用來殺死所謂「害蟲」，稱爲 DDT，用來定期灑在農作物上，控制爲害植物（包括樹）的害蟲。後來發現 DDT 進入了食物鏈，造成嚴重的後果。例如：魚吃了身上噴灑化學藥品的蟲子；而老鷹、魚鷹、鵜鶘吃了魚。化學藥品就在鳥的身體裡面濃縮，有時候會使這些鳥變得衰弱，或直接殺死牠們，有時候經過一段時間之後，毒素的副作用使牠們的蛋殼變得很薄，不能孵化，或在孵蛋的時候就被父母親踩破了。文獻記錄有美國國鳥白頭鷹和褐鵜鶘都受到DDT的危害。美國已立法禁止DDT使用；但是最近，少量的使用仍然是法律所容許的。因此，DDT的禁用並不是國際性的。在可以使用 DDT 的國家裡，本土的動物汲汲可危；而遷徙的動物，如果在禁用 DDT 和未禁止使用 DDT 的國家來來去去，仍然有中毒的危險。縱使停用DDT之後，DDT和其副產品所造成的危害還會持續數十年之久。

在美國，有爲數不少的合成殺蟲劑仍在使用。包括 2,4-D（一種殺草劑）等。很多人在家裡、院子裡、花園裡使用這些除草劑和殺蟲劑。每一種都是針對特定的生物。例如：殺蟑螂的蟑螂藥（Propoxur），而 2,4-D 是除草劑。每一種這類的化學藥品，如使用不當，都會危害到其他的動物，例如：蜜蜂或魚。

有一種除草劑或殺蟲劑，噴或灑在農作物上。這種殺蟲劑可能沈在土裡，或停留在農作物上面。一直等到雨水沖刷，或灌溉水把它沖到其他的水源，例如：地下水、湖水、溪水、河水和海洋裡去。檢驗這些水質，往往不會發現高濃度的人造化學物質。但檢驗魚，魚身上就有高濃度的化學物質。水禽和其他的生物也會受影響，例如：人類，人吃了污染的魚或水禽。換句話說，野生動物和人類成爲這類化學物質濃縮的地方。因爲殺蟲劑（除草劑）不能從我們身體裡排出去，反而會一直堆積在身體裡面。很多農夫都使用肥料，但和殺蟲劑、殺草劑一樣，肥料也可能造成傷害。這些化學物質，特別是無機的、合成的化合物，都有不同的副作用。

改變殺蟲劑和除草劑使用的呼聲愈來愈高。例如：大家對害草或害蟲的綜合防治法愈來愈有興趣，這是對整個農田或花園生態，作全盤考量的一種作法。綜合防治法包括使用害蟲的天敵，或生物防治法，來減少農作物的損失。也包括使用天然及合成的殺蟲劑（除草劑），和土地的管理。其中有一項即嘗試引進非本土性的品種。

・老鷹——麻雀——蚱蜢

這個活動的主要目的，是讓學生能了解，環境中的殺蟲劑堆積在生物體內，所產生的結果。活動步驟如下：

材料：白色和有色的吸管，或撲克牌，或學生能輕易的從地上撿起來的東西。

有色和白色的壁報紙剪成2吋×2吋的方塊亦可；每個學生平均30個（塊或張），其中2/3白色、1/3有色；每隻蚱蜢一個袋子（或信封），約18～20個。

註：五彩的、乾的狗食是很好的材料，而且縱使活動結束之後沒有撿完，留在地上也不會造成環境問題。

步驟 I：

1. 告訴學生，這是一個有關「食物鏈」的活動。如果他們不了解什麼是食物鏈，花一點時間解釋。（食物鏈：在生物的族落中，生物之間系列或「鏈」的連鎖關係，建立在大魚吃小魚、小魚吃蝦米……的這種食物的關聯上。例如：蚱蜢吃食物（如：玉米），麻雀吃蚱蜢，老鷹吃麻雀。）
2. 把學生分成三組，如果在26個學生的班上，應該有2隻「老鷹」、6隻「麻雀」和18隻「蚱蜢」。（麻雀的數目是老鷹的三倍，蚱蜢的數目是麻雀的三倍。）

註：建議使用不同的方式為老鷹、麻雀和蚱蜢作記號，使他們能夠分辨誰代表哪一種動物。例如：蚱蜢的手臂上可以綁上布條，老鷹可以綁上紅手帕，麻雀可以綁褐色布條等。

步驟 II：

1. 發給每隻「蚱蜢」一個小紙袋或小的容器。這個袋子是代表那個動物的「胃」。
2. 請學生把眼睛閉上，或不看你放「食物」，即小卡片（或其他「食物」）的地方。把「食物」散在一個大的、開放的場所。如果沒有風，可以在操場上，或在體育館裡面，或把教室的桌、椅挪開也可以。

3. 向學生說明規則。蚱蜢是最先去覓食的，老鷹和麻雀在旁邊安靜的看著蚱蜢；畢竟，老鷹和麻雀是掠食者，他們在看著他們的食物。給蚱蜢一個記號，他們就進入場中，去找食物，並且放在胃裡（袋子裡），蚱蜢必須動作快速地覓食，過 30 秒之後，蚱蜢停止覓食。
4. 現在麻雀要去獵捕蚱蜢了，老鷹仍然留在場邊看著。麻雀吃蚱蜢的時間要看場地的大小。如果在教室，15 秒就夠了。如果在一個很大的操場，可能需要 60 秒。每隻麻雀應該可以抓到一隻或幾隻的蚱蜢。麻雀碰到蚱蜢的時候，就算抓到蚱蜢，蚱蜢則要把他的袋子（食物）給麻雀，然後坐在場邊。
5. 下一個階段（15～60 秒，或你可以自己設定時間）輪到老鷹打獵了，規則同前。還活著的麻雀可以繼續捕食蚱蜢；蚱蜢也可以繼續覓食；老鷹則獵捕麻雀。如果老鷹抓到麻雀，得到他的袋子，麻雀就要到場外去。在這段時間結束之後，要所有的學生帶著他們的獵物，圍成一圈。

步驟 III：

1. 問學生哪些人「死掉」？被什麼動物吃掉？（如果他們的身上有標記，這個答案就會很明顯了。）然後請他們把食物倒在地上或桌子上，數他們吃了多少食物，要數白色的幾張，有色的幾張。列出還有多少蚱蜢，還有多少麻雀，以及兩隻老鷹吃了多少白色和有色的食物。
2. 告訴學生，環境中有所謂的「殺蟲劑」和「除草劑」。這種殺蟲劑灑在玉米田中，是要消滅蚱蜢，使他們不致危害玉米的收成。如果蚱蜢吃了大半農夫的收成，農夫就沒有很多的玉米可以賣，人和牲畜也就少了很多玉米可以吃。或者因為產量減少，玉米就會變得比較貴。這種殺蟲劑是有毒的，會堆積在食物鏈裡，停留在環境中很久。在這個活動裡，所有有色食物卡片代表殺蟲劑。所以有還沒有被麻雀吃掉的蚱蜢，如果他們的食物中有任何一張有色的食物卡，可以說是全部被毒死了。而沒有被老鷹吃掉的麻雀，如果他們的食物中，含有一半或一半以上有色的食物卡，也算是死掉了。吃了比較多食物污染的老鷹，並不會馬上死掉，但是殺蟲劑累積在牠的身體裡面，牠和牠的配偶所生的蛋，蛋殼變薄，無法孵出小鳥。其他的老鷹目前還看不出有什麼改變。

3. 和學生討論他們剛才所作的活動。就他們所觀察的，食物鏈是如何運作的？有毒的物質如何進入食物鏈？學生該能舉出其他的例子，而不單只是剛才的老鷹——麻雀——蚱蜢。

評量：

1. 測驗並和同學討論為什麼使用這些化學物質的理由？所需付出的代價是什麼？使用這些化學物質的結果又是什麼？
2. 請舉出殺蟲劑或除草劑進入食物鏈的三種方式。
3. 承上題，每個你所舉出的例子，請寫出兩種殺蟲劑或除草劑進入食物鏈之後，可能造成的結果。
4. 有一組生態學家，研究一個湖裡所含的有毒物質。他們發現，每 10 億個（billion）水分子，含有一分子的有毒化學物質，這個濃度我們稱為 1ppb。藻類中所含的有毒化學物是每百萬（million）分之一，稱為 1ppm。微小的動物，即浮游動物，含10ppm，小魚含100ppm，大魚則有1,000ppm。你怎麼解釋大魚身體裡面的有毒物質，如何增加到1,000ppm？請畫圖解釋。生態學家發現，這種有毒的化學物質，是一種殺蟲劑，是噴灑在距離這個湖100公里遠的一個農田裡的，為什麼會有這多的殺蟲劑進到這個湖裡去呢？

第三節　酸　雨

酸雨是一種比一般的雨酸性更強的雨。它是因空氣污染以及一連串的化學反應所形成。兩種最主要形成酸雨的物質是氮氧化合物與二氧化硫，它與空氣中的水分接觸反應後形成硝酸與硫酸。硫與氮的化合物主要來自於工廠、汽車及其他的交通工具。

酸雨會損害森林、農作物、水源還有建築物與雕像。研究學者還在研究酸雨對人體的影響。酸性的污染物會經由雨、雪、霧及露等的方式沈降下來。大量的物質也會以乾燥的方式，如藉由沙塵沈降而來。

造成酸雨的污染源也會被帶了幾百公里後才沈降下來。因此，有時很難去判定這些污染物來源的地區。

單元目標：認識酸雨對環境可能造成的影響。

教學時間：5分鐘

適用年齡：5年級

適用課程：自然科、社會科

每組：1支粉筆、醋100cc、一個玻璃杯。（每組4～5人）

課前準備：一張被酸雨侵蝕的雕像圖片、學生作業單（每人一

份）

教學過程：

1. 給學生看這張雕像的圖片。問學生看到了什麼？在評量1寫下他們的觀察。告訴他們這是酸與石灰岩發生反應的結果。
2. 告訴學生，醋是一種「酸」，而粉筆是石灰岩。
3. 倒 1/3 杯的醋在每一組的玻璃杯裡，然後請學生放一小段粉筆在每個玻璃杯裡。
4. 請學生仔細觀察發生的現象，並記錄在評量 2。
5. 與學生討論他們的觀察與結論。
6. 向學生簡單說明形成酸雨的原因。
7. 與全班討論酸雨可能造成的環境問題。

評量：

1. 從這張雕像的圖片，我觀察到雕像

   ____________________。

2. 小組的實驗與觀察：

   (1)把粉筆放到醋中，發生了什麼事？

   ____________________。

   (2)這個實驗的目的：

   「酸」是__________，

   「石灰岩」是__________。

3. 酸雨是如何形成的？

   ____________________。

第四節　哪個棲位？

一、主　旨

1. 學生將區別生態棲位。
2. 舉出至少一個例子，說明某種動物與其生態棲位。

二、方　法

讓學生比較生態棲位與他們社區中的各種職業。

三、背　景

每種動物在環境中皆具有一特定角色，稱爲其生態棲位。棲位包括了動物的居所、在食物鏈中扮演的角色、在團體中有何貢獻、他的棲位與活動期間等。一種動物之棲位可描述爲「他以何維生」；可和某人以何維生相比較，亦即，他在生活的團體中有何工作，處於什麼職位。

本活動的主旨在於使學生了解生態棲位的概念，並主動學習在所處環境中可能的事業。活動步驟如下：

材料：客座演說者、黑板、參考資料

程序：

1. 以人的職業為比喻，向學生解說動物在環境中所扮演的

角色。

2. 以你在社區中的工作為主題開始討論。例如：社區中有哪些工作（他們父母、朋友或自己的工作）？（邀請一位醫生、牙醫、社工人員、卡車司機或廚師等，至課堂介紹他們的工作）選擇其中有趣的工作為主題討論。（注意：可在演說前、後向演說者提出問題，或事先和學生們討論以產生這些問題。請學生在演說進行中或演說後記下或錄下問題的回答。）問題如下：

⑴他們為社區做些什麼（提供什麼服務）？

⑵如何提供服務？

⑶提供服務時需要哪些資源？

⑷他們在哪裡居住與工作？

⑸他們工作的時機？

⑹他們的工作需要哪些行業支持（如工友、快遞人員、秘書與維修人員）？

⑺他們必須具備哪些能力？

⑻他們具備哪些特殊習慣？

⑼有哪些競爭行業？

⑽有哪些合作的行業？

⑾請學生記下他們所邀請的從業人員之資訊摘要。

3. 請學生聯想各種居住在特定環境中的動物（森林、溪流、沙漠等），可使用照片作為提示。在黑板寫下各種自然環境中的代表動物，確定名單中包括獵食者、獵物、腐食者等。

4. 分組討論。每組選擇一種動物，並以詢問客座演說者的問題，針對該種動物進行討論。如此學生即知道演說者的概念有何隱喻。分辨該動物的職業以作為「生態棲位」。

延伸：

1. 分辨哪些棲位有重疊？在資源與服務上是屬於競爭或合作的關係。進行棲位間的連接以闡述棲位間在環境中的依存關係。
2. 以職業自覺為重點，調查不同環境與文化中人類的各種職業。闡述各職業間的重疊是屬於競爭、合作或相互依存的關係。
3. 製作廣告或標語以招募生態棲位的新成員。
4. 選擇你最希望成為哪種動物，並以之前的討論為基礎，說明原因。

評量：

1. 分辨生態棲位。
2. 選擇任何人或動物並描述其生態棲位，包括：他們為社區作什麼？如何提供服務？提供服務時需要哪些資源？他們在哪裡居住與工作？他們工作的時機？他們的工作需要哪些行業支持（如工友、快遞人員、秘書與維修人員）？他們必須具備哪些能力？他們具備哪些特殊習慣？他們和同一個棲位中的何種生物競爭？等等。
3. 製作一張可完整呈現一種動物棲位的海報。

第五節 動物猜謎遊戲（Animal Charades）

一、目標（Objectives）

學生會對動物下定義及分辨飼養與非飼養的動物。

二、背景（Background）

不同於植物，動物通常是稱任何會動的生命體。野生動物是居住在自由無拘束的環境下，此環境供應牠食物、避難所及其他需求。此環境是一個合適的棲地。野生動物即是不被人類馴養的動物。野生動物有的小到需用顯微鏡才看得到，有的如同鯨魚那麼大。野生動物包括：昆蟲、蜘蛛、鳥類、爬蟲類、魚、兩棲類和哺乳類，但只有不被人類飼養的才是。人類飼養的動物通常被關在一個固定的地方（例如：籠子）或培育做其他目的使用。飼養的過程耗費許多時間，而且經由選擇性生育而有一些遺傳上的改變。但所有被飼養的動物都保留了他們祖先的基因。牛被用來當作食物或其他產品、羊用來生產羊毛及其他產品，而狗、貓、鳥及魚通常被當作寵物，這些都是被馴養的動物的例子。

年齡：4-12 年級
主題：美術語言、科學、戲劇
技能：概念的自然說明、觀察、分析
時間：30 分鐘
人數：30～40 個學生，或更少
地點：室內或戶外
Conceptual framework reference：
I.B.4, V. A. I
字彙：動物、野生的、飼養的
附加：模仿

通常易被混淆的觀念是有些動

物有時是野生的，有時是被馴養的（Tamed），有時是被飼養的（Domesticated）。如果此動物，或是一族群的動物，可以自由存活，生育下一代，牠就是野生動物。有些動物個體可能被馴養，如同在動物園中的動物；但大多數的動物仍然是野生的。一隻野生動物，除非被人類馴養及飼養，否則仍應視爲野生動物。被認爲是飼養的動物，如狗、貓、馬及山羊，也可能變成野生的，此時就稱之爲野生的（Feral）。例如：在 Catalina Isle 上有野生山羊（Feral Goat），在美國西部有些州的某些區域有野生的馬及驢子。

分辨一隻動物是野生或被飼養是困難的。可以鼓勵學生思考一般的狀況爲何。記住野生動物主要是自己照顧自己，生存在適合的棲地；被飼養的動物則需靠人類餵食及照顧，而且被人類使用。例如：產品的來源和當作寵物，像狗和貓已被認爲是合適的寵物。野生動物就算是馴養過的，仍然不適合，甚至是違法的寵物。

此活動的主要目的要讓學生分辨野生動物與被飼養動物之間的差異。活動步驟如下：

方法（Method）：學生利用肢體扮演野生動物與被飼養的動物。

材料（Materials）：

1. 黑板：讓學生及教師用來記錄
2. 可書寫的小紙片
3. 置物容器（例如：箱子、帽子、廢紙籃）

步驟（Procedure）：

1. 這是猜謎遊戲，具有教育的目的！活動開始時，先將教室清出足夠的空間讓每個學生都能充分的將動物以表演的方式呈現出來，其他同學則藉由觀看表演，猜出同學所表演的動物。

2. 在表演的場所及觀眾區設置完成後，發給每個學生一個小紙片，在紙片上寫下自己的姓名及一種所要表演的動物名稱，不論是野生的或被飼養的動物皆可。寫完後，教師再全部收回。
3. 教師將所有的小紙片放入置物箱中，開始進行猜謎遊戲。首先，教師從箱中抽出一張紙片，當叫到某位學生的名字時，這位同學就需站在台上；另外，計時的同學說「開始」時，表演的同學則把他所寫下的動物表演出來（或是另外一個方式，學生從箱中抽出一張小紙片，來表演別人所寫下的動物，而寫的那位同學不能參與猜謎），由台下的同學來猜，時間限制為 10 秒。
4. 在猜謎的過程中，加入簡單的討論，澄清學生對野生動物及被飼養動物之間的概念。激勵學生界定野生和被飼養種類的範圍。例如：牠們應可以認定如變形蟲這樣小的野生動物，或比馬大的野生動物，如鯨魚。有時認定野生動物或被飼養的動物會有些困難，學生可能將動物園中的動物認定為就是被飼養的動物，例如：獅子，你可能寫下兩個觀點：大部分的獅子都是在野外才能發現；而動物園中的獅子，並非培育作為其他目的使用。因此，只要符合其中之一，則是被捉來飼養的。鱒魚的養殖也是另一個易混淆的例子，這些鱒魚通常是被捉來的，並非是被馴養。為了幫助學生建立野生及飼養之間的定義，獅子及鱒魚可被視為野生的。然而當學生細加區分野生的及飼養動物之間的差異時，思考似乎是及於一些例外的例子，對學生而言是有用及重要的。

延伸（Extensions）：

1. 同時表演一些共存的動物，表現出他們的關係及生態系上的作用。
2. 將動物分類成適當及不適當的寵物，並描述分類的理由。

水域的延伸（Aquatic Extensions）：

列出許多水域的環境，例如：溪流、小河、湖泊、池塘、大河流（淡水環境）、海洋（海水環境）。告訴同學在每個水域環境中存活生物的名稱，用手勢及姿勢模仿他們的特徵，觀看同學必須將所表演的動物猜出，並配合牠正確的生存環境。

評量（Evaluation）：

1. 對野生動物下定義。
2. 解釋、舉例說明，如何將動物正確區分為野生或是被飼養的？

第15章

環保與社會

陳水扁總統曾在就職時說過：「我們將從永續發展的觀點，提倡節約簡樸，珍惜現有資源，妥善規劃國土利用，加強生態環境保育，讓後代子孫永遠保有鄉土之美。」因此，未來推動國家環境保護，我們將以追求「永續發展」的策略來推動國家環境保護。

我們國家經過四十餘年的努力締造了舉世矚目的經濟奇蹟，並創造了所得提高、教育水準提高與多元化的民主社會。但是由於經濟活動的急遽擴張，卻因此對環境造成衝擊，加上因富裕生活而衍生的擴大生產、大量消費以及社會經濟型態的改變，導致污染超越環境的重新復原能力，造成公害、資源的耗費及環境品質惡化。但值得欣慰的是國人在物質生活獲得充分滿足之後，期待能提高生活素質，享有良好生活環境品質。

一、為什麼需要環保政策？

㈠國際的環保趨勢

近數十年來，隨著科技的水準的提昇，帶動人類經濟活動的急遽發展，對環境造成極大的負面影響，並危害人類的永續發展。1972 年聯合國有鑑於環保日趨重要，而召集了「人類環境會議」，並發表「人類環境宣言」，強調「人」的重要性，擁有良好的環境是人類的生存權，因此，必須保護環境並將之傳於子孫後代。呼籲世界各國政府履行保護環境的義務並共同採取行動。國際環保公約（如保護地球臭氧層的蒙特婁議定書）及保護瀕臨絕種野生物種的華盛頓公約，都備有貿易條款，對不遵守規範的國家得施以相關貿易制裁；世界貿易組織（WTO）中設置貿易與環保委員會，以協調貿易與環保之問題與紛爭。1992 年聯合國在巴西舉行「地球高峰會議」針對環境與開發問題熱烈討論後，一致將「永續發展」訂爲世界各國的追求目標；爲響應上述決議，我國於民國 85 年制訂企業管理性標準系列，以配合環境管理以及稽核標準之產品輸出。近年來國際市場擴大，歐美日等先進國家都擴大國際環保合作，以確保產品之銷售。

㈡國內的環保問題

由於人多地狹，可供利用的土地有限，人口又趨向於都市集中，於是在產業擴張、勞力密集、污染性較大的工業下，致使國內環保問題日益惡化。加上過去因環保基礎建設闕如，如污水下水道的淨化工程、廢棄物處理設施、飲用水的水源……等問題的忽略，造成環保污染問題層出不窮、環境品質低劣、人們抗爭不斷……等。

民國 76 年，政府順應民意，成立環保署，頒布「現階段環保政策綱要」，重視環保與經濟發展兼顧，民國 81 年於憲法增修條文中增訂「經濟與科學技術發展，應與環境及生態保護兼籌並顧」之條文，顯示政府過去僅重視經濟之弊病，而環保問題也是政策上必須考量的問題。

二、目前國家的環保政策與重點

爲能創造一個美好的生活環境，配合國家政策而制定的國家環保計畫如下：（部分資料摘自環保署網站）

㈠計畫緣起與性質

1.緣　起

⑴順應國際環保潮流，訂定邁入廿一世紀之行動計畫文件，以追求國家永續發展。

⑵落實憲法增修條文中有關「經濟及科學技術發展應與環境及生態保護兼籌並顧」之揭示，以謀求全體國民之福祉。

⑶延續「現階段環保政策綱領」，制訂環保長程計畫，提昇國家之競爭力。

⑷配合「國土綜合開發計畫」，研訂我國環保之主要計畫。

2. 性　質

該項計畫屬綱要性全國環保基本指導計畫。計畫中提出我國國家整體環境之現況檢討、改善目標、負荷分析以及分區分階段的改善策略。

3. 理　念

本計畫之規畫理念，以追求永續發展目標之環保基本策略，其基本理念爲永續發展、互利共生、經濟效率、寧適和諧、全民參與以及國際參與等六項。

4. 目　標

⑴防制公害，增進國民健康，提昇生活環境品質，營造寧適有內涵之環境。

⑵保育環境資源，追求永續發展。

⑶積極參與全球環保事務及配合執行。

㈡環保計畫的重點（整理自環保署網站）

國家環境保護計畫的重點如下：

1. 提高行政效能及合理修訂法令規章

⑴加強環保人員專業訓練，養成公務人員爲國家競爭力的提昇

者。

⑵檢討環保法令、規章、制度及標準，作合理修訂。

2.建立低環境負荷之社經體系

⑴加強環保基礎建設。積極辦理垃圾及事業廢棄物之焚化及掩埋、普及污水下水道、清潔飲用水水源、清淨空氣品質，以達成清淨國家之目標。

⑵加強推動「低污染、可回收、省能源」等綠色消費，並加強廢棄物質資源回收再利用工作，以降低環境負荷。

3.以科技引導改善環境

⑴取締與技術輔導改善並行。對經環保機關檢測有污染者，除依法處理外，並主動與目的事業主管機關聯繫與配合，加強污染防治技術輔導。

⑵制訂環保標準時應考量目前國內是否已有可達成此標準之商業化技術。並加強導入具有經濟誘因之環保政策，以助提高企業之競爭力。

4.擴大資訊公關及加強溝通

⑴透過電子網路等方式，公開環保相關資訊，包括環境地理資訊、法令、環境技術資訊等，周知國內各界。在制訂法令、規章、標準時，廣邀企業界、環保團體、學術界參與，裨利達成共識。

⑵加強環保教育宣導活動，以增加民眾及各界環保知識及了解自身該負之環保責任，並推動全民與環保活動，從日常生活中體認環保、實踐環保。

5.積極參與全球事務，加強環保國際合作

⑴積極爭取參與國際環保公約及多邊組織之環保相關會議，以充分掌握國際環保脈動，研擬因應對策。

⑵積極與先進國家進行技術交流，並推動與開發中地區之交流合作，一方面吸收先進國家技術，一方面將我國技術與經驗協助開發中國家及地區改善環境，以爭取友誼，並拓展急遽擴大中的海外環保市場。

6.維護自然生態策略

⑴加強水資源保育、森林資源保育、物種保育、海洋資源保育、能源節約等措施，以保育及管理自然資源，落實環境空間之理念，以追求資源之永續利用。

⑵加強自然保護區、國家公園管理、山坡地保育、海岸保護、地層下陷防治等措施，以提供人類生生不息之承載環境，達成敏感地區之妥善保護。

⑶建立環境中生命週期管理及綠色消費型態之經濟效率系統，以降低環境影響，確保自然與人類互利共生。

⑷維護生物多樣性以保障我國境內之基因、物種、生態系以至於地景的多樣性，以便全民永續共享生物資源。

7.推動公害防治策略

⑴空氣品質維護。

⑵水質保護。

⑶土壤保護。

⑷廢棄物回收、處理與利用。

⑸噪音及振動管制。

⑹毒性化學物質管理。

⑺環境衛生。

三、國內的環保法規

國內的環保法規，尚稱完整，唯有賴於落實。在公害防治上的相關法規，本書不再贅述。請參考環保署網站，其網址為http://www.epa.gov.tw/。

目前的法規計有下列九法：

㈠空氣污染防制法。

㈡噪音污染防制法。

㈢水污染防制法。

㈣廢棄物清理法。

㈤毒化物管理法。

㈥飲用水管理法。

㈦環境用藥管理法。

㈧公害糾紛處理法。

㈨環境污染檢驗法。

四、環境影響評估

1969年，美國頒布全球第一個「國家環境政策法案」（National Environmental Policy Act, NEPA），法案中首先提出「環境影響評估」（Environmental Impact Assessment）一詞，美國的環境品質諮議小組提出關於全美環境影響評估制度的指導綱領，自此之後，日本、英國、瑞典、法國等世界各國都建立自己的評估制度。環評制度主要是根據地區環境的特徵（例如：氣象、地理、水文、生態等條件），對工業區、居住區、公用設施、綠地等作出環境影響評估，以便對環境全面規劃合理布局、防治污染和其他公害提供科學依據。環境影響評估法主要的功能是：⑴預防公害於未然，環境涵容能力之維持；⑵環境資源之永續維護或利用；⑶環境規劃以達土地之合理使用；⑷促進共識；⑸計畫決策之依據。而環境影響評估制度的目的主要有三點：⑴為達到民眾與環境的和諧共存；⑵為防制生存環境的盲目毀損；⑶提昇人類對生態資源的原則之認知。環境影響評估制度的內涵，包括了制度施用對象與範圍、環境評估的內容、評估方法、評估制度運作中關係人物、制度的要義等方面（詳見環境影響評估部分條文）。國內自民國 80 年代建立環境評估制度，環境影響評估制度重要的是預先防患於未然，經濟的開發對環境的風險，及自然生態環境的變化，往往是不可逆的，環境若經破壞，往往不易恢復原貌，如何使經濟與環境兼顧得到雙贏的目標是須詳細評估的。總之，環境影響評估是必要的。

從民國 83 年 12 月公布之環境影響評估法，第 1 條，第 4 條、第 5 條、第 9 條、第 10 條、第 11 條、第 12 條、第 15 條……等，可以略窺環保評估的大貌（詳情見環境影響評估部分條文）。

㈠環境影響評估法部分條文

第一條：為預防及減輕開發行為對環境造成不良影響，藉以達成環境保護之目的，特制定本法。本法未規定者，適用其他有關法令之規定。

第四條：本法專用名詞定義如下：

一、開發行為：指依第五條規定之行為。其範圍包括該行為之規劃、進行及完成後之使用。

二、環境影響評估：指開發行為政府政策對環境包括生活環境、自然環境、社會環境及經濟、文化、生態等可能影響之程度及範圍，事前以科學、客觀、綜合之調查、預測、分析及評定，提出環境管理計畫，並公開說明及追蹤考核等程度。

第五條：下列開發行為對環境有不良影響之虞者，應實施環境影響評估：

一、工廠之設立及工業區之開發。

二、道路、鐵路、大眾捷運系統、港灣及機場之開發。

三、土石採取及探礦、採礦。

四、蓄水、供水、防洪排水工程之開發。

五、農、林、漁、牧地之開發利用。

六、遊樂、風景區、高爾夫球場及運動場之開發。

七、文教、醫療建設之開發。

八、新市區建設及高樓建築或舊市區更新。

九、環境保護工程之新建。

十、核能及其他能源的開發及放射性核廢料儲存或處理場所之興建。

十一、其他經中央主管機關公告者。

前項開發行為應實施環境影響評估者，其認定標準、細目及環境影響評估作業準則，由中央主管機關會商有關機關於本法公布施行後一年內定之，送立法院備查。

第九條：前條有關機關或當地居民對於開發單位之說明有意見者，應於公開說明會後十五日內以書面向開發單位提出，並通知主管機關及目的事業主管機關。

第十條：主管機關應於公開說明會後邀集目的事業主管機關、相關機關、團體、學者、前項範疇界定之事項如下：

一、確認可行之替代方案。

二、確認應進行環境影響評估之項目；決定調查、預測、分析及評定之方法。

三、其他有關執行環境影響評估作業之事項。

第十二條：目的事業主管機關於收到評估書初稿後三十日內，應會同主管機關、委員會委員、其他有關機關、並邀集專家、學者、團體及當地居民，進行現場勘查並舉行聽證會，於三十日內作成紀錄，送交主管機關。

前項期間於必要時得延長之。

第十五條：同一場所，有二個以上之開發行為同時實施者，得合併進行評估。

㈡環評制度的優點

1. 為環境及大眾利益把關，減少開發對環境的負荷。
2. 建立國民的信心，民眾接受環評結論（公信力）減少疑慮，減少民眾抗爭。
3. 建立環境與經濟的遊戲規則。

㈢環評的問題與看法

民國 90 年 8 月 16 日陳水扁總統到龜山鄉參觀科技公司（廣輝電子公司），得知廣輝公司申請環境影響評估作業遭困難，忍不住嚴厲譴責地方政府。總統指出，各級地方政府的環境影響評估單位不應成為企業發展的障礙，部分單位對於企業提出較國家級環評水準更高的門檻，導致企業投資發展受限，陳水扁總統說：「這塊石頭，一定要搬開，就算要下跪也可以」，以協助科技產業發展（中國時報8月19日）。引發各界的討論，環評的必要性，無庸置疑，但本案例的問題在哪裡？今就新聞報導披露如下：

甲方（廠方）

1. 地方環評刁難，有藉機敲詐味道。
2. 地方環評委員，按自己的「高標準」來審核。
   要求企業更高於國家標準的環評。
3. 企業界利用政治高層施壓。
4. 排放水質生化需氧量與懸浮固體國家的標準，是30ppm以下，地方的標準（20ppm）高於國家標準。

乙方（縣府環保局）

1. 地方環評委員指出南崁溪的廢水排放已超過負荷，基本上應實施污染源的削減，不應再排放廢水進入，以減少對環境的衝擊。
2. 各地方政府所聘的環評委員（以桃園縣為例），大都是全國各地的大學教授專家，委員們對土地的努力和環保工作的執著是有目共睹的。
3. 地方環保局長認為：依環評法審核，難道違法？
   環保委員基於專業的領域，要求企業：
   (1)對南崁溪水質影響衝擊作分析。
   (2)排放水質生化需氧量（BOD）與浮固體降至20ppm以下。

總之，從本章前言得知，我們要有永續發展的觀點，加強生態環境保育，讓後代子孫永保鄉土。

五、環境保育白皮書

由於全球人口不斷增加、工商業發展、不當的土地開發及能源使用造成臭氧層破壞及地球的暖化，環境保育的議題已成為全人類所關注的問題。邁入廿一世紀，工商業更快速的發達，人口糧食、能源及水源等問題，將日趨嚴重，已經殘害了我們居住的棲所——地球。

台灣過去四十多年政府政策偏重於經濟的成長，忽略環境保育，環境深受污染，自然資源慘遭破壞，使得我們生活的品質極度惡化，未能隨著經濟的成長而提昇，昔日的「福爾摩沙」（美麗之島）變得滿目瘡痍，處處髒亂，公害及疾病等災難陸續發生，僅為冰山之一角。

因此，環境保育成為舉世關注的焦點及各國積極改善及推動的重心，既要維持地球生態平衡，又得兼顧人類發展需要的「永續發展」策略，已成為當前世界思潮之主流。大家都知道，「地球只有一個」人類是地球的房客，若房客糟踏了房東的環境，我們的子孫要如何居住？

總之，為了永續發展與生存，台灣實有必要推動正確的環保政策，並改變過去對環保忽視的作法，推動環保政策必須結合國內的產、官、學等各界共同研商與努力才行，推展環保的目的在追求一個健康、安全與乾淨的生活環境。解決環保問題必須多管齊下，一方面要求政策面的健全，喚起企業良知，提昇技術能力，另一方面要從治標層面著手，建立民眾的道德觀念和教育方面著手，才能收立竿見影之效。環保的努力方向有：

㈠加強環境保育教育

環境保育應從教育著手，讓全民對環境有所認知，以建立環境保育的知覺、知識、態度與價值觀，讓環保教育更加落實，從學校、社區、社會以至於全國，人人都關心、愛護自己的鄉土與家園。

㈡儘速建立健全的環保法規並確實執行

除了健全的環境保育相關法規，亟待立法，更應督促相關單位，嚴格執行公權力，讓環境更為美好。

㈢成立客觀的環境評估單位

既要經濟發展又要兼顧環保，政府應積極鼓勵及協助產業升級，經濟方面應朝向低污染、低耗能，高技術密集及高產值產業方面發展，並成立客觀的環境評估單位，以評估產業對環境的衝擊且讓百姓充分了解產業，以免造成太多的抗爭，而徒增社會成本。

㈣規劃成立國土開發利用中心

將國土重新整體的規劃，依據生態原則仿效歐美國家經驗，將全國土地作一有效的治理與利用。（筆者於 3 年前，應某立法委員之邀，寫下以上白皮書，政府的行政與立法部門均可表示其對環保的看法。）

六、環境與政治

政治是管理眾人的事，無論是中央或地方的眾人的事，當然也包括我們日常生存的空間環境。過去台灣政治的發展，在以經濟發展為優先的政策下，國內的生態環境造成極大的衝擊，例如：民國 47 年台灣的森林砍伐，獎勵林產品對外貿易；「以農養工」的政策，早期政府縱容企業對環境資源的破壞，與重工輕農等政策有關，使人們對土地情感降低，以及部分工業（紡織、造紙……等）對環境的危害相當大。加上傳統文化中早已薄弱的環境倫理觀念徹底崩解，社會上貪婪、揮霍、急功近利的思想讓政府、企業及人民對環境的認同與關懷的價值觀日趨薄弱。過去，經濟發展對台灣的繁榮與進步，以及人們物質生活確實有重大的貢獻，但是環境品質與生活品質，卻逐漸低下。

最近數十年，當人民所得提高後，對環境品質與生態保育有相當的認知與覺醒，在這種壓力下迫使政府做出相當的調整，希望我們生活的環境能永續發展下去。提昇國際競爭力、提高環境品質，並讓我們經濟能永續發展，是決定於政府施政的品質與對人民素質的關心，對社會的關心。因此，我們應慎選重視環保的政府首長與民意代表，國家才有希望。

民主政治在環保上有環保政策的擬定與執行、環保法規以及環保的支出……等項目。政府的財政需要工商團體的配合，而環保團體之運作配合與抗爭……等屬政治問題，以環保觀念來看政府、企業的發展往往是南轅北轍，所以公共政策的制定以及環境的永續發展均有賴全體民眾的參與與關心，希望環境問題的解決，也能與政治、經濟活動相得益彰。

七、環境與經濟

眾所周知，經濟發展和環境品質常相牴觸，經濟發展的後果可能造成環境污染的衝擊，環境污染的結果可能降低經濟發展的成果；同樣的，經濟發展亦可以幫助環境問題的改善。總之，經濟與環境問題是錯綜複雜的，不是三言兩語可以闡明清楚，有待大家仔細去審查與評估的。

㈠經濟成長或不成長？

現代的國家爲了提昇工業生產，致力於資源的開發，造成對環境生態的衝擊，例如：爲了開採石油或礦產，破壞了環境的原貌造成空氣、水源與土地的污染，對許多開發中或未開發國家，政府當局對經濟發展的取捨，往往是很困難的，要改善人民生活？要維持環境品質？如何提昇人們的生活又能兼顧環境的衝擊？是世界各國的重要課題。

㈡環境與經濟

經濟學是談貨物的生產、消費與分配（Distribution）的科學，人們有需求（Demand），工廠提供生產（Product）或供給（Supply），而製造物品（Goods）的資本在經濟學上可分爲地球（自然）資本（Earth-capital or Natural Capital）、製造資本（Manufactured Capital）和人類資本（Human Capital）三種。土地資源、工具機械設備建廠、人力資源等亦屬之。企業要發展時，應將環保成本完全內造化，將環境效益與經濟效益列爲同等重要的考量。

㈢經濟成長和額外成本（External Costs）

經濟成長是以國民生產毛額（Gross Domestic Product, GDP）來衡量一個國家的發展，在市場價值以美金計算。通常經濟成長是以國民生產總值（Gross National Product, GNP）和國內生產總值（GDP）爲指標來衡量一個國家的進步快慢，但當我們要觀察同一國家社會的經濟發展時，則除了衡量它的國民生產總值之外，還要考慮到社會的總支出、效率以及社會資源環境壓力等的耗費這就是額外成本。例如：亞洲部分國家與歐美的某些國家的國民生產毛額不相上下，但是，對經濟成熟度與發展還是有段距離，所以經濟成長太快或太慢，社會福利，自然生態的提昇都應配合，否則，會造成日後的負面影響。未來國家的競爭力，在於政府與人民對環保的關心與努力有密切的關係，例如：德、法等國的高科技協助環境的維護，不餘遺力，高科技協助污水之處理及棄廢物焚化之處理，值得學習和探討。

㈣永續發展（Sustainable Development）

這是目前世界各國正積極努力推動的工作，其焦點大多集中在確保人類生存之基礎及提高生活的品質，理查森（Richardson）說明永續的理念包括：

1. 經濟的永續：永續經營的經濟應包括內在與外在的所有成本，不要追求短期利益，而忽略長期永續的目標。
2. 人文社會的永續：就是要滿足人類的生活基本需要，如乾淨的空氣、飲用水、食物、環境等，人們享有參與公共政策決策的權力。
3. 生態環境的永續：要求人類的各項活動必須能遵照生態原理，讓能源循環使用，環境資源生生不息。

八、環保與生活相關網站

若想知道更多的環保相關資訊，除了書籍、報紙外，相關網路上的訊息是一個很好的途徑，若善加運用，將獲益良多，本章提供一些方法與網站作爲參考。

基於網站不時更新，可以利用各入口網站（例如：Go ogle、奇摩、Yahoo、蕃薯藤……等網站）之搜尋方式取得相關網站資訊，例如：將關鍵字「環保」、「綠色生活」、「永續經營」、「環境品質」、「黑面琵鷺」、「八色鳥」、「七股」、「流浪狗」、「廚餘」……等字眼輸入搜尋，即可得到相關網站，找到適合自己的網站，然後，可加入自己的最愛，方便以後續閱。或者經由各入口網站中之分類項目中之環保進入亦可。

國內環境教育中心和環保聯盟之網址茲分述如下：

㈠教育部環境教育資訊網 http://eeweb.gcc.ntu.edu.tw/

㈡國立台灣師大環境教育中心 http://www..ntnu.edu.tw/eec/

㈢國立彰化師大環境教育中心 http://www..ncue.edu.tw/

㈣行政院環境保護署 http://www.epa.gov.tw/

㈤台灣環保聯盟，主張永續發展、強調生態的環境保護團體。

㈥新環境基金會，爲民間環保組織。

㈦綠色和平組織，不接受政府和企業的資助，堅持和平而非暴力地推動環保。

㈧台中市新環境促進協會以維護生態，促進新環境宣導保育自然資源與環保意識。

㈨黃錦星的生態入口提供動、植物的生態庫，國內外環保機構，公私保育團體的生態。

㈩中華民國動物福利環保協進會提供流浪動物領養、動物醫護諮詢、寵物醫療諮詢等服務。

⑪新世紀協會關注環境保護及義務工作的團體。

⑫中華民國企業環境保護協會法令諮詢服務、技術觀摩交流、產業政策、民間團體環保污染防制、企業座談會。

⑬生態保育聯盟，環保保育團體策略聯盟 http://eca.ngo.org.tw

⑭台灣國家山岳協會，以各種戶外休閒活動爲主題。

⑮綠色消費者基金會，是一個以推動環保與消費運動的民間團體。

⑯綠色公民行動聯盟。

⑰財團法人美化環境基金會。

㈧財團法人綠色消費者基金會。

㈨環保生活協進會。

㈩環境品質文教基金會。

㈪環境教育資訊網。

㈫新環境基金會。

㈬主婦聯盟基金會 http://forum.yam.org.tw/women/

國外的資訊網站搜尋方式亦相同，只要在搜尋網站上，輸入關鍵字即可。

問．題．與．討．論

1. 環境影響評估法，有存在的需要嗎？
2. 選舉和環保的關係如何？
3. 如何利用經濟成長之成果來改善環境品質？
4. 環保問題為什麼需要國際合作？（請以保護稀有動植物，或管制二氧化碳排放為例）
5. 國內的環保團體，請列舉三個，並指出他們的主要訴求是什麼？
6. 華盛頓公約組織的之立法精神？（請以網路查詢）

註：華盛頓公約組織正式的名稱是「瀕臨絕種野生動植物國際貿易公約組織」（The Convention of International Trade in Endangered Species of Wild Fauna and Flora，簡稱 CITES），由於這個公約是簽約國在 1973 年 3 月在美國華盛頓外交會議上所締結，因此又稱華盛頓公約組織。

參考文獻

・中文部分・

丁澤民、王偉、張世玲、連慧瑞。民 84。**生物學（下）**（Star, C. and R. Taggart 原著）。台北：藝軒出版社。

石滔。民 85。**環境微生物**。台北：鼎茂出版社。

王進琦。民 75。**基礎微生物學**。台北：藝軒出版社。

王立甫。民 63。**人類環境品質**。台北：三山出版社。

王榮德。民 76。**公害與疾病**。台北：健康世界雜誌社。

天下編輯。民 86。**環境台灣**。台北：天下雜誌。

江永嘉。民 85。**岌岌可危的地球環境**。台北：建宏出版社。

合田周平。民 65。**生態學入門**。台北：協志工業叢書。

朱則剛。民 83。**教育工學的發展與派典演化**。台北：師大書苑。

吳信如譯。民 89。**四倍數**。台北：聯經出版社。

余秋華譯。民 88。**水和空氣的 100 個祕密**。稻田出版社。

李載鳴譯。民 90。**環境科學**。台北：華泰文化事業公司。

林文鎮。民 80。**森林美學**。台北：淑馨出版社。

周昌弘。民 79。**植物生態學**。台北：聯經出版社。

陳玉峰。民 85。**生態台灣**。台中：晨星出版社。

陳國城、劉學絢、龔錦信、江瑞湖。民 79。**環境科學**。台北：大中國圖書公司。

陳嘉芬。民 88。**現代遺傳學**。台北：藝軒出版社。

孟東籬。民 80。**道法自然**。南投：玉山國家公園管理處。

段國仁、蘇睿智、張子祥。民 89。**環境科學**。台北：國立編譯館。

張仁福。民 87。**環境科學導論**。台北：文京圖書公司。

張儒永、李博、諸葛陽、尚玉昌。民 84。**普通生態學**。台北：藝軒出版社。

郭城孟。民 85。**台灣的植物生態**。環境教育季刊，30，頁 41～51。

陶良謀。民 60。**污染問題發凡**。台北：今日世界出版社。

湯清二。民 86。**交互式多媒體教學系統在國中生學習細胞分裂的成效研究**。科學教育學刊：5(3)，頁 267～294。

諸亞儂。民 83。**生物學**。台北：三民書局。

諸葛陽。民 78。**生態平衡與自然保護**。台北：淑馨出版社。

劉一新。民 85。**環境保育學**。台北：國立編譯館。

劉德明。民 85。**環境科學**。台北：淑馨出版社。

廖雪蘭。民 78。**台灣詩史**。台北：武陵。

鍾金湯。民 85。**環境污染**。台北：華香園。

‧英文部分‧

Briscoe, C. & Lamaster, S. U.(1991). Meaningful learning in college biology through concept mapping. *The American Biology Teacher,* 53, pp. 214-219.

Cunningham. w,p, & Barbara Woodworth Saigo (1995)Environmental science. 3rd.ed. Wm. C. Brown Publishers, IA USA.

G. Tyler Miller, Jr. (2002) Living in the environment. 12th ed. Brook/Cole CA. USA..

Dan Shaw & Mary Stuever (Editors) (1994) Deadly Links Project Wild (Revised Ed) pp. 270-273, Western Regional Environmental Education Council, Inc. Bethesda, MD. U. S. A.

Miller, G. T. (1999) Living in the environment: Principle, Connections, and Solutions. Wadsworth Publishing Company.

Novak, J. K. (1990). Concept mapping: A useful tool for science education. *Journal of Research in Science Teaching*. 27, pp. 937-949.

Snustad, D.P.; Simmons, M.J. (2000) Principles of genetics. Second edition, John Wiley & Son, Inc.

Wallace, R. A. 1997. Biology, The world of life (7th ed.,). Addison Wesley Longman, Inc., New York, pp. 489-500.

環保與生活之相關名詞及生態保育之國際組織

一、英文中文關鍵字、檢索

A

Abiotic environment	非生物環境
Acetone	丙酮
Acid deposition	酸沈降
Activated-carbon filters	活性碳過濾器
Adaptation	適應
Air pollution	空氣污染
Alkylating agents	烷化劑
Atmospheric environment	大氣環境

B

Base analogue	鹼基類似物
Base pair	鹽基
Biological oxygen demand, BOD	生物需氧量
Biotic environment	生物環境
Birth control	控制生育
Bovine spongiform encephalopathy (BSE)	狂牛病
Bulrushes	蘆葦

C

Cadmium	鎘
Cancer	癌症
Carrying capacity	負載能力
Cattails	香蒲
Chlorofluorocarbon, CFC	氟氯碳分子
Chromosome	染色體
Concept map	概念圖
Conservation	保育
Conservation area	保育區、保護區
Conservation measures	保護措施
Conservation of energy	能源保育
Conservation of natural resource	自然資源保育
Conservation of nature	自然保育
Conservation of ocean	海洋保育
Conservation of wildlife	野生動物保育
Consumptive use	消耗性使用
Contaminant	污染物混雜
Contaminant loading	污染物負載
Contaminated area	污染區
Contaminated food	污染的食物
Contaminated soil	污染的土壤
Contaminated water	污染的水
Contaminated agent	污染的媒介
Contamination	污染
Contamination by pesticide	農藥污染

Contamination factor	污染因子
Contamination hazard	污染危險
Creative thinking	創造性思考
Critical thinking	批判思考

D

DDT (Dichloro-dipheyl-trichloroethanum)	滴滴涕殺蟲劑
Deaminating agents	去氨劑
Decibel, DB	分貝（噪音單位）
Dengue fever	登革熱
Deoxyribonucleic acid, DNA	去氧核糖核酸
Dioxins	戴奧辛
Divergent thinking	擴散性思考
Domesticated	被飼養的，家禽
Double helix structure	雙股螺旋結構

E

Earth capital or Natural capital	地球（自然）資本
Ecological equilibrium	生態平衡
Ecological succession	生態消長
Ecology	生態學
Ecology chain	生態鏈
Ecosystem	生態體系
El niňo	聖嬰現象
Endangered species	瀕臨絕種的物種
Endocrine disrupting chemicals, EDCs or EDs	外因性內分泌干擾化學物質

Entero virus	腸病毒
Environment	環境
Environmental administration	環境管理
Environmental alteration	環境變異
Environmental assessment	環境評鑑
Environmental carcinogen	環境致癌物
Environmental condition	環境條件
Environmental contamination	環境污染
Environmental disturbance	環境失調、環境擾亂
Environmental education	環境教育
Environmental protection	環境保護
Environmental quality	環境品質
Environmental sanitation	環境衛生
Estivation	夏眠
Estuary	河口
Eutrophication	過度營養（優氧化）
Eutrophic lakes	優養湖
Evolution	演化
Exotic	外來種

F

Feral	野生的
Fine particles	粉末

G

Genetic code	遺傳密碼
Global warming	全球溫暖化

Glutamic acid	麩胺酸
Greenhouse effect	溫室效應
Greenhouse gas	溫室效應氣體
Gross domestic product, GDP	國內生產毛額
Gross national product, GNP	國民生產總值

H

Hierarchical order	階層性
High density polyethylene	高密度聚乙烯，硬性軟膠
Hormone	荷爾蒙
Human capital	人類資本
Human population explosion	人口爆炸
Hydroxylamine	氨

I

Immune system	免疫系統
Industrial pollutant(s)	工業污染物
Intercalating agents	中間插入劑
Ionizing radiation	離子化輻射線
Itai-Itai disease	痛痛病

L

Lakes	湖泊
La niña	反聖嬰現象
Limiting factor	限制因子
Linking word	連結用語

Living machines	生存機制
Long-term memory	長效記憶
Low density polyethylene	低密度聚乙烯

M

Manufactured capital	製造資本
Marshes	沼澤
Metabolism	新陳代謝作用
Migration	遷移

N

Natural cooling process	天然的冷卻系統
Natural enemy	天敵
Natural resources	自然資源
Noise pollution	噪音污染
Non-ionizing radiation	非離子代輻射線
None-smoke area	禁煙區
Nonrenewable resources	不可更新資源
No smoking	禁止吸煙

O

Oxygen	氧
Ozone	臭氧層

P

Paradigm	新派典
Phenylketo nuria	苯丙酮尿症

Point source	點（污染）源
Poison decay	毒物衰變
Poison insecticide	殺蟲毒劑
Poison material	有毒物
Poisoning by agricultural chemical	農藥中毒
Poisoning effect	中毒效應
Poisoning symptom	中毒症狀、徵狀
Poisoning	中毒
Poisonous agent	毒物、毒劑
Poisonous gas	毒氣
Poisonous plant	有毒植物
Poisonous substance	有毒物質
Poisonous waste	有毒廢料
Pollutant chemistry	化學污染物
Pollutant concentration	污染物濃度
Pollutant dispersal	污染物散佈
Pollutant discharge	污染物排出
Pollutant disposal	污染物處理
Pollutant distribution	污染物分布
Pollutant effect	污染物影響
Pollutant identification	污染物鑑定
Pollutant index	污染物指數
Pollutant persistency	污染物持久性
Pollutant recipient	污染物接受者
Pollutant source	污染物源
Pollutant surveillance	污染物監測
Pollutant susceptibility	污染物感受性

	（易感性）
Pollutant target	污染物目標
Polluter pays principle (PPP)	污染者付費原則
Pollution abatement	污染消除
Pollution accretion	污染堆積
Pollution atlas	污染地圖集
Pollution capacity	污染能力
Pollution condition	污染條件
Pollution cycle	污染循環、污染週期
Pollution criterion	污染標準
Pollution equivalent	污染當量
Poly peptide	多胜鏈
Polyethylene terephthalate	聚對苯二乙甲酸
Polypropylene	聚丙烯
Polystyrene	聚苯乙烯、硬膠
Polyvinyl chloride	聚氯乙烯
Population	族群
Primary pollutants	初級污染物
Problem solving	解決問題
Pyrimidine dimmer	嘧啶二聚體

R

Radiation pollutants	放射性污染物
Recycle	資源回收、再生
Red spruce	赤松
Reduce	降低
Refuse	拒絕使用

Renewable resources	可更新資源
Repair	再修復
Reuse	再利用
Reverse osmosis, RO	逆滲透
Ribonucleic acid, RNA	核糖核酸
River	河流
River pollution index, RPI	河川污染指標
RNA polymerase	RNA 聚合酶

S

Secondary pollutants	次級污染物
Shelter	居所
Sick building syndrome	大樓症候群
Sickle cell anemia	鐮刀型貧血
Smog	毒霧（smok + fog 之縮寫）
Springs	泉水
Stream	溪流
Substratum	基層（指物體表面，生物可在其上活動或休息）
Sustainable development	永續發展
Swamp(s)	沼澤

T

Tamed	被馴養的
Tautomeric shift	異構轉移

Temperature inversion 逆溫現象
Thermal pollution 熱污染
Troposphere 對流層
Tropospheric heating effect 對流層熱效應

U

Ultra fine particles 粉塵
Ultra-violet 紫外線
Ultraviolet light 紫外光
Ultraviolet light, UV 紫外線
UVI 紫外線指數

V

Valine 纈草胺酸

W

Water pollution 水污染
Wild life 野生動物

X

Xeroderme pigmentosum 著色性乾皮病

Z

Zero population growth, ZPG 零人口成長
Zoology 動物學

二、生態保育之國際組織

International Association for Ecology 國際生態學

International Atomic Energy Agency (LAEA) 國際原子能機構

International Council for Environmental Law (CIEL) 國際環境法理事會

International Habitat and Human Settlement Foundation 國際生境和人類住區基金會

International Institute for Environment and Development (IIED) 環境與發展國際研究所

International Institute for Environment Affairs 國際環境事物研究所

International Livestock Center for Africa (IICA) 非洲牲畜國際中心

International Occupational and Health Information Center (CIS) 國際職業和衛生資料中心

International Organization for standardization (ISO) 國際標準化組織

International Petroleum Industry Environmental Conservation Association (IPIECA) 國際石油工業環境保護協會

International Reference Center for Waste Disposal 廢物置處國際諮詢中心

International Union for the Conservation of Nature and Living Resources (IUCN) 保護大自然及生物資源國際聯合會（大自然保護會）

International Union for the Scientific Study of Population (IUSSP) 國際人口科學研究協會

International Union of Biological Science 國際生物科學協會

(IEUS)

International Union of Forestry Research Organization (IUFRO) 國際森林研究組織協會

International Union of Geology Sciences (IUGS) 國際地質科學協會

International Union of Geology and Geophysics (IUGG) 國際地質與地球物理學協會

International Whaling Commission (IWC) 國際捕鯨協會

International Workshop on Environment Education 國際環境教育座談會

國家圖書館出版品預行編目資料

環保與生活／湯清二主編；湯清二、耿正屏、李淑雯、鄭碧雲合著.─初版.─臺北市：五南, 2002[民91]
面；　公分
ISBN 978-957-11-2977-8 (平裝)
1.環境保護　2.環境汙染　3.環境衛生
445　　91013937

1IKS

環保與生活

作　　者 ─ 湯清二　耿正屏　李淑雯　鄭碧雲(433.2)
發 行 人 ─ 楊榮川
總 編 輯 ─ 王翠華
編　　輯 ─ 王者香
出 版 者 ─ 五南圖書出版股份有限公司
地　　址：106台北市大安區和平東路二段339號4樓
電　　話：(02)2705-5066　傳　　真：(02)2706-6100
網　　址：http://www.wunan.com.tw
電子郵件：wunan@wunan.com.tw
劃撥帳號：01068953
戶　　名：五南圖書出版股份有限公司

台中市駐區辦公室/台中市中區中山路6號
電　　話：(04)2223-0891　傳　　真：(04)2223-3549
高雄市駐區辦公室/高雄市新興區中山一路290號
電　　話：(07)2358-702　傳　　真：(07)2350-236

法律顧問　林勝安律師事務所　林勝安律師

出版日期　2002年 9 月初版一刷
　　　　　2014年12月初版六刷
定　　價　新臺幣420元

凝煉知識品味閱讀